Für Kathy,
Daniel und Adam

TIERE

STEVE BLOOM

Aus dem Englischen von Werner Horwath

KNESEBECK

EINLEITUNG

Als ich das erste Mal wilde Tiere fotografierte, ging ich ganz locker an die Sache heran. In meiner Naivität glaubte ich, genügend Zeit für alle Wildlife-Gebiete dieser Welt zu haben. Wie sehr ich mich damals doch irrte! Die Umweltzerstörung nimmt in alarmierendem Ausmaß zu, mit schwer wiegenden Folgen für die Natur. Und so wurden meine fotografischen Ambitionen zunehmend von schlimmen Befürchtungen und einer damit einhergehenden Eile bestimmt.

Heute besuche ich viele Orte mit ausgesprochener Besorgnis. Kurz nach meiner ersten Reise nach Borneo verwüsteten Waldbrände die Region, was eine weitläufige Zerstörung der Pflanzen- und Tierwelt zur Folge hatte. Bei einer Reise nach Kenia kam ich in ein Gebiet, das ich schon ein Jahr zuvor besucht hatte – doch war es inzwischen von einer Dürre heimgesucht worden und daher kaum wieder zu erkennen. Eine Albatros-Kolonie auf den Falklandinseln wurde einige Tage nach meiner Abreise Opfer eines Brandes. In Kanada bringen extreme Temperaturunterschiede die Wandergewohnheiten der Eisbären durcheinander; und in der Antarktis schmilzt das Eis. Wir sind Zeugen der Anfälligkeit des Ökosystems, die vorwiegend aus der Gleichgültigkeit des Menschen gegenüber der Erde und ihrer Ressourcen resultiert. Wir sind auf gefährliche Weise selbstgefällig geworden und glauben, dass die Erde dieser endlosen Ausbeutung standhalten kann. Doch sind wir alle voneinander abhängig, darum ist der Schutz der Tierwelt für die Erhaltung des Gleichgewichts auf unserem zerbrechlichen Planeten – vielleicht sogar für dessen Überleben – unabdingbar.

Manche Tiere, wie Delfine und Albatrosse, sind bekannt für die positive Wirkung, die sie auf Menschen haben können. Ich selbst habe schon mein Spiegelbild im Auge eines Albatrosses gesehen. Ich saß alleine auf einem Berg, und ein Albatros ließ sich neben mir nieder. Eine Zeit lang saßen wir nebeneinander, ließen denselben Wind über unsere Körper streichen und blickten gemeinsam ins Tal hinunter. Aus dieser Nähe wurde ich der Größe des Albatrosses und seines gewaltigen Schnabels, mit dem er tödliche Wunden schlagen konnte, gewahr – dennoch strahlte er eine Aura des Friedens aus und gab mir ein tiefes Gefühl der Ruhe. Wie sicher diese gefährdeten Vögel doch eigentlich sein müssten, die fernab menschlicher Siedlungen leben und normalerweise nicht gejagt werden. Es ist traurig, aber jedes Jahr sterben viele Vögel infolge kommerzieller Langleinenfischerei, wobei die Albatrosse von den Angelhaken unter Wasser gezogen werden und dann qualvoll ertrinken. Einfache Veränderungen der Fangsysteme könnten das Problem lösen, ohne dass den Fischern ihre Lebensgrundlage entzogen würde.

Obwohl alle Lebewesen auf die Ressourcen der Erde angewiesen sind, lassen sich viele der heutigen Probleme überwiegend auf wirtschaftliche Interessen zurückführen. Die Holzindustrie zerstört große Waldgebiete aus rein kommerziellen Gründen und richtet damit weit mehr Schaden an als die Waldbewohner, die das Land für den Eigenbedarf bewirtschaften. All unsere unnötigen Autofahrten und die sinnlose Energieverschwendung tragen zur zunehmenden Verschlechterung der Luftqualität bei – genau der Luft, die uns am Leben erhält. Hätte die Erde die Größe eines Apfels, wäre die Atmosphäre etwa so dick wie die Schale. Aus dem All aufgenommene Bilder unseres Planeten bezeugen diese oft übersehene Tatsache.

Wir können die Natur nicht beherrschen. Wir sind alle ein Teil von ihr und sind von ihr abhängig. Beim Verbrennen fossiler Brennstoffe entsteht Kohlendioxid, das zu einer weltweiten Erhöhung der Temperatur beiträgt. Abschmelzende Eiskappen lassen den Meeresspiegel steigen, was verheerende Folgen hat. Sommerliche Hitzewellen belasten Menschen und Tiere. So setzen beispielsweise Kängurus ihre Jungen aus, wenn die Hitze unerträglich wird. Tiere fallen Ereignissen zum Opfer, die sie selbst nicht verursacht haben. Die Schädigung der Natur zerstört alle Grundlagen für die Zukunft.

Man wird leicht selbstgefällig. Während ich diese Worte schreibe, befinde ich mich in einer druckfesten Metallröhre, 11 000 Meter über dem winterlichen Sibirien. Ich sitze leger am Laptop und höre dabei Musik. Nur die Hälfte einer Armlänge von mir entfernt herrschen Temperaturen von minus 70 Grad und eine Windgeschwindigkeit von etwa 750 Kilometern pro Stunde. In nur einem Tag und einer Nacht werde ich von Neuseeland in meine Heimat England geflogen sein, was genau dem halben Umfang unserer kleinen Erde entspricht. Gleichzeitig hinterlassen wir eine Schadstoffspur, die um die halbe Welt reicht. Dabei sorgen sich die anderen Passagiere genauso wie ich nur um steife Gliedmaßen und den Jetlag – als hätten die ökologischen Folgen nichts mit uns zu tun. Sie sind so fern wie der lebensfeindliche Raum außerhalb des Fensters, der sich so bezaubernd über den Wolken erstreckt. Das Leben ist empfindlich und zerbrechlich – ein kritisches Gleichgewicht, das jeden Moment gestört werden kann. Unfähig, unseren zerstörerischen Lebensstil aufzugeben, zerren wir am Gefüge der Natur und lassen mit jedem Tag die Chance auf eine Gesundung in weitere Ferne rücken. Wir werden uns schon vom Jetlag erholt haben, lange bevor sich unsere Spuren in der Atmosphäre aufzulösen beginnen.

Entlegene Orte können unsere Sicht der Dinge verändern. So hat die Antarktis mein komplettes Wertesystem ins Schwanken gebracht. Dort wird man sich der Sinnlosigkeit von Krieg und anderen Erscheinungen unseres kollektiven Wahnsinns bewusst. In einer Umgebung aus Packeis und mit Adelie-Pinguinen übersäten Eisbergen schwindet die Selbstüberschätzung nur so dahin. In manchen Teilen dieser kalten, trockenen Welt, wo die Sonne monatelang nicht untergeht, fällt niemals Regen. Das hektische Treiben städtischen Lebens und skurrile Klatschmeldungen gehören in eine andere Zeit, eine andere Wirklichkeit. Während ich mir vor dem Ausflug ins Eis Sonnenschutz mit Faktor 60 auf die Haut reibe, denke ich erneut daran, wie wir auch an diesen Ort wieder mit unseren luftverschmutzenden Maschinen gelangt sind. Die Ozonschicht ist eine offene Wunde am Himmel, eine Verletzung, unter der das schmelzende Eis tropft und tropft... Ich besuchte den größten Eisberg der Welt, der die Größe eines kleinen Landes hat; kurz darauf, an einem Sommertag, zerbrach er in zwei Teile. Als ich ihn ehrfurchtsvoll betrachtete, fand ich es schwer begreiflich, wie etwas so Großes frei schwimmen kann. Dieses Abbrechen des Eisbergs – ob es auf die globale Erwärmung zurückzuführen ist, wird unter den Experten noch kontrovers diskutiert – hat das Brutverhalten von Pinguinen und anderen Tieren erheblich gestört. Das Ergebnis plötzlicher Unterbrechungen der Nahrungskette sind ungewöhnlich hohe Sterberaten. Die Natur ringt ums Überleben, ahnungslos gegenüber der verhängnisvollen, stetig zunehmenden Bedrohung.

Wenn ich Orte voller Schönheit besuche, habe ich wieder Hoffnung. Wie bei einer Beziehung zu einem kranken, geliebten Menschen, fördert eine große innere Zuneigung den Optimismus und stärkt den Willen, für die Genesung alles Mögliche zu tun. Die Welt *kann* wiederhergestellt werden. Dies erkannte ich in Australien, wo ich von einem kleinen, aber edlen Versuch erfuhr, ein paar Hektar Agrarland in Regenwald zurückzuverwandeln. Dreißig Jahre alte Bäume ragten in den Himmel, und im Unterholz tummelten sich Beuteltiere. Das Kronendach des jungen Waldes war zwar noch nicht voll entwickelt, doch er zeigte ein gesundes Wachstum. Auch wenn es nur ein kleines Zeichen ist, vergleichbar mit der Pflanzung eines einzigen Setzlings, so erfüllen mich solche Momente doch mit Freude. Die Harmonie der Natur ist Balsam für die Seele.

Eine unserer größten Stärken liegt darin, die Folgen unseres Tuns verstehen zu können. Es hat sich bereits gezeigt, dass verantwortungsvolles Handeln viel bewirken kann. Beispielsweise hat das Verbot des Elfenbeinhandels die Elefantenpopulationen wieder wachsen lassen. Das ist jedoch nur ein Tropfen auf den heißen Stein – es muss noch so viel mehr unternommen werden. Am wichtigsten wäre es, zu erkennen, dass es sich bei den unterschiedlichen Lebensformen auch um Individuen handelt und diese nicht einfach nur als indifferente Gruppe wahrzunehmen. Wenn wir uns dies bewusst machen, können wir Mitgefühl entwickeln und damit eine gute Grundlage für verantwortliches Handeln schaffen.

Die Bilder in diesem Buch sind eine Antwort auf jene weit verbreitete Haltung, die den Menschen als den Mittelpunkt der Welt sieht. Es mag zwar sein, dass Wort und Schrift uns von Tieren und Pflanzen unterscheiden, doch ist der Intellekt keine Grundvoraussetzung für das Verstehen. Alle Lebewesen sind auf ihre jeweils eigene Weise wahrnehmungsfähig. So spüren beispielsweise bestimmte Bäume die Gegenwart von Schwammspinnern und sondern Substanzen ab, die andere Bäume vor dem drohenden Befall warnen. Und beim Blick durch die Kamera entdeckte ich, dass auch Schimpansen irgendwie nachdenklich sein können. Die Beobachtung der Natur lässt uns erkennen, wie sehr der Mensch mit der Natur verflochten ist, und dass Empfindungen und Individualität nicht ausschließlich menschliche Eigenschaften sind. Menschen mit Haustieren wissen das.

Durch die Linse meiner Kamera habe ich viel über das Wesen einzelner Tiere erfahren. Obwohl Tiergruppen gemeinschaftliche Verhaltensmuster zeigen, sind die Einzeltiere innerhalb vieler dieser Gruppen sensible Individuen mit einer eigenen Persönlichkeit. Jedes Tier nimmt seinen eigenen Platz auf der Erde ein – und spielt seine eigene Rolle im verzweigten Netzwerk des Ökosystems.

Meine fotografische Arbeit ist eher ästhetisch als wissenschaftlich. Ich glaube, die Ästhetik eröffnet dem objektiven Betrachter ein intuitives Verständnis. Das Zusammenspiel von Licht, Farbe und Bewegung in der Natur lässt uns lebendiger fühlen – im Einklang mit der Welt. Ich hoffe, mit meinen Fotos eine alternative Sichtweise bieten zu können. Der Glanz in einem Auge kann uns so berühren, wie es reiner Text nicht vermag, und es ist die Aufgabe des Künstlers, solche Stimmungen einzufangen. Wir alle wissen, wie viel Macht allein schon im Anflug eines menschlichen Lächelns liegt und welche Gefühle es erwecken kann.

Schon das unbedeutendste Ereignis kann einen starken Eindruck hinterlassen. In einem Zoo schaute mir ein Gorilla in die Augen, was mich dazu veranlasste, die großen Affen in der freien Wildbahn zu fotografieren. Als meine Bilder von wilden Gorillas veröffentlicht wurden, schrieben mir Studenten von der Wirkung, die diese Bilder auf sie gehabt hatten und wie sie dadurch zu ihrem Engagement im Umweltschutz angeregt wurden. Das ist die Kraft, die in einem einzigen Blick liegt. Ich will damit nicht behaupten, dass es allein die Augen der Gorillas waren, durch die das Leben dieser Menschen beeinflusst worden ist, aber irgendwie haben sie dabei eine wichtige Rolle gespielt.

Es ist sehr einfach, solipsistische Schlussfolgerungen aus unserer angeblichen Stellung im Universum zu ziehen. Wir setzen voraus, dass wir das Monopol auf Sprache haben, dabei benutzen Elefanten Infraschall, um über große Entfernungen zu kommunizieren. Die niedrigen Frequenzen dieses Schalls sind für Menschen nicht wahrnehmbar, zudem legt er weitere Entfernungen zurück als jeglicher Ton, den wir produzieren können. Wir haben große Fortschritte in der Medizin gemacht, doch auch Tiere haben die medizinischen Eigenschaften von natürlichen Substanzen entdeckt. Aras fressen beispielsweise Lehm, der Fruchtsäure neutralisiert, und Schimpansen haben erkannt, dass bestimmte Pflanzen Verdauungsprobleme lindern können. Unsere Navigationsfähigkeiten haben Menschen bis zum Mond gebracht, und unbemannte Raumsonden verlassen sogar unser Sonnensystem. Aber auch die kleinen Stare nutzen ausgeklügelte Navigationssysteme. Experimente haben gezeigt, dass sie in einem Planetarium auf Grund der scheinbaren Sternbewegung die Orientierung verlieren.

Um überleben zu können, sind wir vollkommen von der Technologie abhängig. Im Gegensatz dazu sind Kaiserpinguine bestens angepasst, wenn es darum geht, die Unbilden der Natur zu überleben. Von allen Vögeln sind sie am schwersten erreichbar – ich jedoch hatte das Privileg, sie während einer monatelangen Reise auf einem russischen Eisbrecher zu besuchen. Sie legen ihre Eier im tiefen antarktischen Winter, wenn die Sonne nicht aufgeht und die Temperatur bis auf minus 90 Grad fällt. Im pfeifenden, eiskalten Wind drängen sie sich dicht aneinander, um die schlimmsten Auswirkungen der tödlichen Kälte abzuwehren. Unter solchen Bedingungen harren die Männchen zwei Monate ohne Nahrung aus – und verhungern beinahe, um die Eier auszubrüten. In dieser eisigen Ödnis schlüpfen dann die entzückendsten Küken, winzige, zerbrechliche Geschöpfe, die von den verantwortungsvollen Eltern gefüttert werden, bis sie selbst erwachsen sind. Unter diesen widrigen Umständen entsteht neues Leben – die Dunkelheit wird vom Licht überstrahlt. Auch wir können manchmal mehr ertragen, als wir uns vorstellen können. Die Kraft unserer Herzen motiviert uns, höchst außergewöhnliche Leistungen zu vollbringen und hilft uns, unter widrigen Umständen zu überleben.

Die Natur wird von einem stetigen Kampf ums Überleben beherrscht. Ich will kein utopisches Porträt entwerfen, das ein Leiden in der Natur leugnet. Ich habe Afrikanische Wildhunde beobachtet, wie sie eine Impala innerhalb von Sekunden in Stücke rissen, und das mit einer brutalen und unerbittlichen Grausamkeit. Die Impala starb dabei jedoch schneller als viele Tiere vom Bauernhof, die bei uns im Schlachthof landen. Die Hunde jagten einfach nach Nahrung. Trotz des ständigen Überlebenskampfes in der Natur hatte die Impala frische Morgenluft geatmet und den Sonnenaufgang gesehen. Die bei intensiver Landwirtschaft auf grausamste Weise eingesperrten und mit ihrem Leiden allein gelassenen Tiere in industriellen Zuchtfarmen wissen nicht einmal, wie es ist, frei herumzulaufen. Ich selbst kann mir nur sehr schwer vorstellen, wie es wäre, niemals durch Wälder gewandert oder eine Straße entlanggelaufen zu sein.

Die Menschen haben kein Monopol auf sinnlose Grausamkeit. In Kenias Masai-Mara-Nationalpark sah ich ein Rudel junger Löwen, das ein wehrloses junges Flusspferd den ganzen Morgen lang quälte; sie sprangen ihm auf den Rücken und rissen ihm Wunden ins Fleisch. Das Flusspferd versuchte unermüdlich, sie abzuschütteln, und weiße Tränen der Angst und des Schmerzes strömten über sein Gesicht. Dann ließen die Löwen von ihm ab – so schnell, wie sie erschienen waren. Einen ganzen Tag lang kroch das Flusspferd schmerzerfüllt zum Wasserloch, an dessen Rand es sich zum Sterben niederlegte. Die Löwen waren nicht hungrig, und normalerweise fressen sie auch keine Flusspferde.

Wir haben auch kein Monopol auf das Mitgefühl. Es gibt unzählige Geschichten über Haustiere, die sich um Menschen kümmern und oft sogar deren Leben retten. Man weiß, dass Delfine in zahlreichen Fällen kranken und verletzten Menschen geholfen haben. Delfine schreien auch, wenn sie von Fischern getötet werden.

Viele Tierarten zeigen eine breit gefächerte Skala von Wesensarten und Gefühlen, die auch wir Menschen kennen. Ich erinnere mich an ein ängstliches Elefantenbaby, das im langen Gras seine Mutter nicht mehr gefunden hat. Es war einem Silberreiher nachgelaufen, so wie ein kleines Kind, das Tauben im Stadtpark nachjagt. Als der Reiher fortflog, bemerkte es, dass seine Mutter nicht mehr da war. Das Elefantenbaby lief hin und her, blieb wieder stehen, geriet in einen Schockzustand und begann zu weinen. Zunächst weinte es nur leicht, doch dann schwoll das Weinen zu einem lauten Angstgeheul an. Ein solches Klagen eines verlassenen Wesens berührt uns alle – wie eine gemeinsame Sprache, die hilft, Grenzen zwischen Lebewesen zu überwinden. In solchen Augenblicken fällt es mir schwer zu verstehen, wie wir dem Leiden häufig so gleichgültig gegenüberstehen können – es sind Augenblicke, die uns eine gründliche, intuitive Lektion über unsere gemeinsame Welt erteilen. Glücklicherweise waren Mutter und Junges rasch wieder vereint, und schon bald schmiegte sich das Baby an die schützenden Beine der Mutter, getröstet von warmer Milch und einem beruhigenden Rüssel.

Wenn man die Geburt eines Tieres in einer rauen und gefährlichen Umgebung beobachtet, wird man sich unserer eigenen Verletzlichkeit und physischen Schwäche nur allzu sehr bewusst. Ein Gnu ist kurz nach der Geburt schon auf den Beinen und läuft der Mutter hinterher. Ein Springbock-Junges ist fast geruchlos und daher für die hoch empfindlichen Nasen seiner Feinde kaum auszumachen. Einzelne Arten streben unablässig danach, ihre natürlichen Feinde zu überlisten.

Die Tiere erinnern uns beständig daran, dass wir Eindringlinge auf ihrem Territorium sind, vor allem, wenn wir mit unseren Fahrzeugen unterwegs sind, die schon von weitem laut und aufdringlich sind. Die meisten Tiere spüren unsere Gegenwart, lange bevor selbst geübte Spurenleser ihrer gewahr werden. Ein Leopard kann sich nach Belieben fast unsichtbar machen. Eine der größten Schwierigkeiten bei der Tierfotografie ist es, Tiere zu finden, die auf die Gegenwart von Menschen gelassen reagieren.

Die große Anzahl geografischer Räume, die in diesem Buch vereint sind, verlangte eine sorgfältige Auswahl von Orten und Arten. Aus diesem Grund sind einige geografische Einteilungen ungenau. So umfasst zum Beispiel das Kapitel über die Antarktis nahe gelegene subantarktische Inseln, deren Tierwelt mit derjenigen auf dem Kontinent verbunden ist. Die Arbeit eines Tierfotografen verlangt nach einer gewissen Ausgewogenheit, und doch ist immer der Wunsch vorhanden, länger an einem Ort zu bleiben. Mein fotografischer Hunger wird niemals gestillt sein. Die Bilder in diesem Buch repräsentieren meine persönliche Sicht auf einen winzigen Ausschnitt dieser Welt, wie ein paar Sandkörner an einem endlosen Strand – Sandkörner, die sich innerhalb des Lebenszyklus mit der Zeit verändern.

In jedem Lebewesen blitzt das Geheimnis des Geistes auf, es ist nicht auf unser eigenes Ich begrenzt. Die Liebe ist die Grundlage für das intuitive Wissen um die anderen. In ihrer reinsten Form ist sie die Empfindung, eins zu sein mit dem gesamten Universum.

Ich bin dankbar, dass ich die Vielfalt des Lebens an so vielen verschiedenen Orten miterleben durfte, und ich hoffe, diese Erfahrungen nun anhand dieses Buches teilen zu können. Die Fotografie ist das Medium, mit dem ich versuche, anderen das Gefühl der Einheit mit der Natur zu vermitteln. Es bleibt weiterhin eine Herausforderung für mich, das Leben in all seinen Erscheinungsformen zu porträtieren und Bilder zu schaffen, die zeigen, was leben wirklich bedeutet.

STEVE BLOOM

AFRIKA

*»Der rohe Atem der Erde,
der ein Geruch primitiver Energie entströmt,
führt mich zurück nach Afrika.«*

In Zentralafrika halte ich in einem erloschenen Vulkankrater Ausschau nach Berggorillas. Es ist ein mörderisches Unterfangen. Offene Felder gehen zunächst in Gebüsch und danach in dichtes Unterholz über. Wir schlagen uns Pfade mit Macheten frei, kriechen auf dem Bauch und kämpfen mit den Rucksäcken. Sintflutartige Regenfälle gehen mit ohrenbetäubendem Getöse nieder. Blätter stauen die Regentropfen auf, damit sie uns mit gesammelter Wucht schonungslos bombardieren können. Später erspähen wir einen Gorilla, friedlichen Gemüts in der Ruhe nach dem Sturm, und seine sanften Augen glänzen im dunstigen Licht. Sein Blick dringt tiefer als der tiefste Wald.

Flusspferde suhlen sich stundenlang im Wasser und scheinen dabei völlig sorglos zu sein. Werden sie jedoch gereizt, geht mit ihnen das Temperament durch. Von heftigen Territorialkämpfen bestimmt, fallen sie übereinander her. Das klatschende Wasser begleitet urzeitliche Schreie, die ohrenbetäubend und schreckenerregend sind. Doch so rasch wie der Kampf begonnen hat, ebbt er wieder ab, das Wasser beruhigt sich und ein unbehaglicher Frieden legt sich wieder über die Wasserstelle.

Mit dem Ziel, die Zebras und Gnus auf ihrem Zug durch den Mara River in Kenia zu fotografieren, harre ich neun Tage lang am Ufer aus. Die entsetzliche Langeweile und Frustration endet schlagartig mit einem Ausbruch wilder Energie, als die Herde durch den Fluss stampft. Beim Warten erscheint die Zeit vollkommen unproduktiv, doch am Ende wirft sie unvergessliche Bilder ab.

Leoparden sind Kreaturen der Nacht. Ich hielt viele Stunden nach dem einsamen Jäger Ausschau – dem Meister der Verstohlenheit, der so sehr im Verborgenen bleibt. Wir sehen ihn nur, wenn er selbst es will – möchte er es nicht mehr, zieht er sich elegant ins dornige Gebüsch zurück. In der Nacht durchforsten wir die Dunkelheit mit Scheinwerfern nach seinen Augen, und entdecken sie, wenn sie einen Teil unseres Lichts reflektieren – zwei glänzende Juwele in schwarzer Umgebung. Plötzlich erlischt der Glanz, und er ist weg, verschwunden in die Einsamkeit der Nacht, begleitet von unzähligen Sternen.

Sorgfältiges Timing und eine große Portion Glück waren für die Luftbilder in Kenias Amboseli Nationalpark immens wichtig. Wir brachen jeden Tag bei Sonnenaufgang mit einem Ultraleichtflugzeug auf. Während wir uns einen Weg durch die dicke Morgenluft bahnten, hielten wir Ausschau nach wilden Tieren. Als wir schließlich ihre langen, von der rasch aufgehenden Sonne geworfenen Schatten erspähten, blieb uns nur noch Zeit für einen Überflug. Ich lehnte mich so weit wie möglich heraus, blickte gerade nach unten und drückte den Auslöser.

Elefanten marschieren ganz still. Manchmal hören wir nicht, wie sie herannahen; ihr muffiger Geruch erfüllt die Luft schon bevor der Schall ihres Stampfens unser Ohr erreicht. Die weichen Sohlen wirken wie Stoßdämpfer und fangen ihr Gewicht auf, während sie die Ebene durchqueren. Ich habe schon gesehen, wie fünfzig Elefanten in eine Richtung marschierten, die Stille der Morgenluft wurde nur gelegentlich vom sanften Knacksen brechender Zweige durchbrochen.

16 Tage lang kauerte ich in einem kleinen Boot vor der Küste Afrikas, um ein Bild von einem Weißhai zu schießen, wie er auf der Jagd nach Robben die Wellen durchbricht. Schnelle Reflexe und eine zuverlässige Kamera waren unumgänglich, während das Boot langsam zwischen den Wellen dahintrieb. Für ein eindrucksvolles Bild duckte ich mich nieder, kämpfte gegen die Seekrankheit an – ohne überhaupt zu wissen, ob und wann ein Hai erscheinen würde. In meinem Kopf hämmerte es, und die Muskeln schmerzten vom stundenlangen Festhalten der Kamera. Als der Hai endlich aus dem Wasser schoss, ging alles so schnell, dass ich, sobald sich das Wasser wieder beruhigt hat, mich fragte, ob dies alles nur ein Traum gewesen sei. Die gesamte Szene dauerte nicht einmal eine Sekunde.

Alljährlich queren Zebras und Gnus den hinterhältigen Mara River auf der Suche nach frischen Weiden. Zu Tausenden versammeln sie sich in einer wimmelnden Masse aus Körpern am Uferrand. Nach langem Zögern explodiert die wogende Horde, sobald rasende Einzeltiere durch den Fluss stampfen. Der Instinkt wird schließlich von Furcht übermannt. Vom Schicksal getrieben folgen sie dem Regen, in einem verzweifelten Überlebenskampf. Nur noch aufs gegenüberliegende Ufer konzentriert, geraten sie in ein Spießrutenlaufen zwischen gefährlichen Felsbrocken, verhängnisvollen Strömungen und hungrigen Krokodilen.

Es gibt auf unserem Planeten noch Wildnisse in der Natur, die einen besonderen Zauber in sich tragen. Wie ein Juwel in der Wüste ist das Okavangodelta in Botswana vielleicht das eindrucksvollste davon. Nach Bränden war die Luft von Rauch geschwängert, daher wartete ich einige Tage, bevor ich einen Hubschrauber mietete. Beim Fotografieren aus der Luft ist das Licht zart und unbeständig, zudem machte uns trübes Wetter einen Strich durch die Rechnung. Wir aber blieben standhaft. Für einen Augenblick rissen die Wolken auf, um das Morgenlicht durchzulassen, und wir entdeckten die durch die Sümpfe ziehenden Zebras. Es war nur eine kurze Begegnung. Das transparente Licht verging sehr schnell und hinter uns zog es wieder zu.

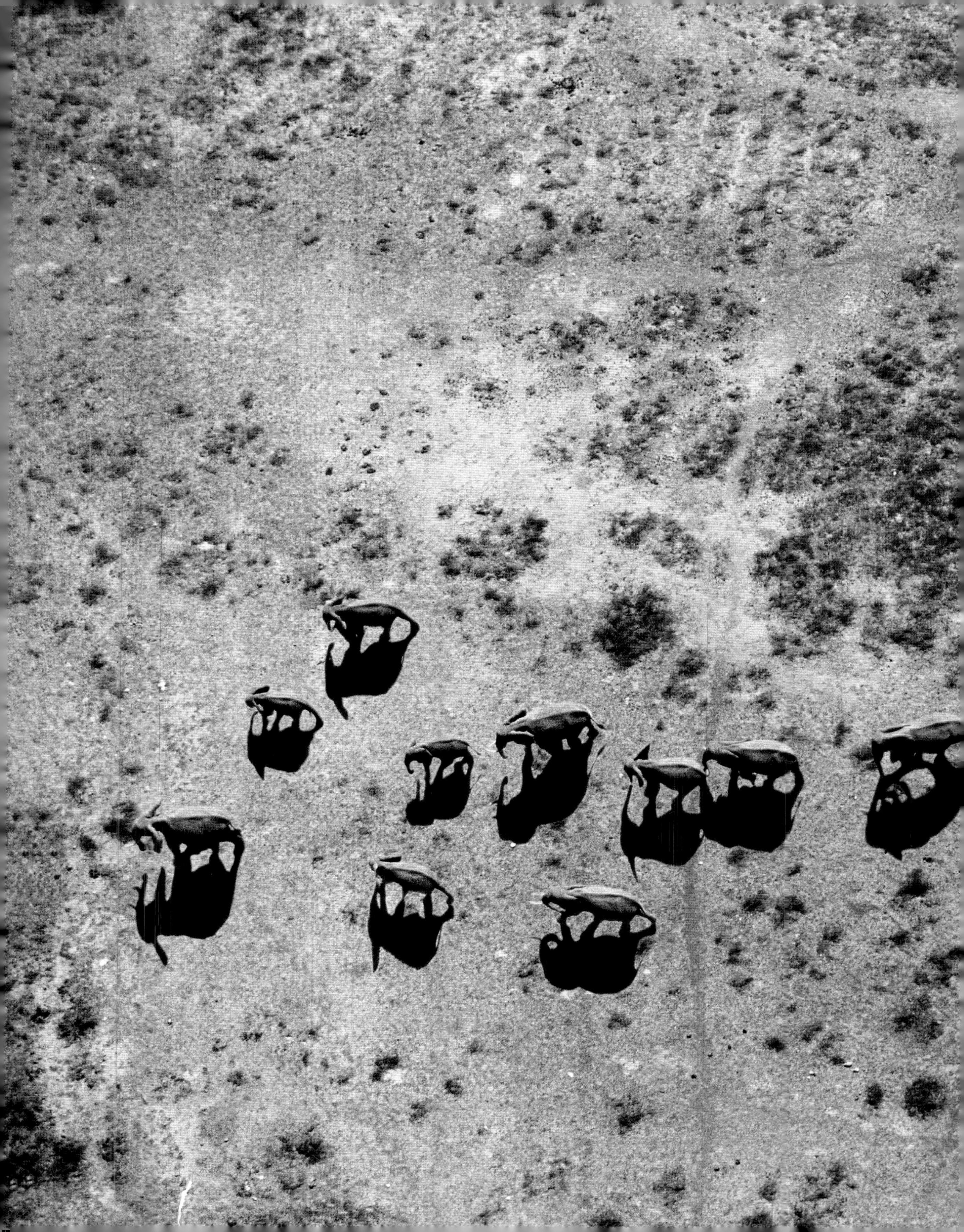

ANTARKTIS

»In dieser surrealen Welt ziehen gigantische Eisskulpturen vorüber, merkwürdige Formen aus dem Reich der Träume und Fantasien.«

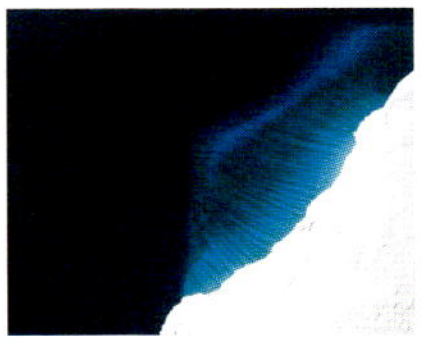

Das Leben kann von Irrwegen der Natur abhängen: Wasser hält sich nicht an die gewöhnlichen Regeln der Physik, sondern dehnt sich beim Frieren aus. Der Dichteunterschied lässt das Eis schwimmen; somit tauchen Fische darunter, Pinguine und Robben haben auf dem Eis Plätze, wo sie ausruhen können, und das ökologische Gleichgewicht bleibt erhalten. Seesterne, Krustentiere und Schwämme – einige Jahrhunderte alt – leben unter dem Eis. In Unmengen vorkommende Lebensformen wie Diatomeen färben die Unterseite der Schollen braun. Die abgelegensten Orte bieten eine überaus große Vielfalt an Leben.

Die Antarktis ist ein mystischer Ort, eine eisige Verführerin, anziehend und verschlingend. In dieser surrealen Welt ziehen gigantische Eisskulpturen vorüber, merkwürdige Formen aus dem Reich der Träume und Fantasien. Eisfelder zähmen den Ozean, bändigen die Wellen, die flach und gehorsam unter ihnen liegen. In solcher Stille lösen sich Finanzmärkte, Kriege und Moden zu Bagatellen auf. Hier sind sie nichts weiter als Mikrokosmen im Universum – Dinge, die irgendwann vorbei sind.

Während sich unser Eisbrecher seinen Weg durch das Packeis stemmt, wirken die Pinguine wie kleine Punkte auf den Eisschollen. Unser zehn Stockwerke hohes, südwärts ziehendes Schiff erhebt sich weit über die Pinguine am Boden. Wie viel kleiner die Pinguine erst werden, wenn wir sie vom startenden Hubschrauber aus betrachten – kleine Tupfer, die schon bald aus der Sicht entschwinden. Wenn die Welt unter einem wegsackt, wird auch das Schiff zu einem winzigen Punkt auf einer Eisscholle, einsam und unbedeutend in einem kolossalen Ozean aus Eis.

Auf einer Insel im Südpolarmeer machen sich eine halbe Million Königspinguine breit – so weit das Auge reicht. Auf einem Haufen wirken sie wie ein riesiger Organismus, dessen unablässiger Lärm lange in Erinnerung bleibt und dessen beißender Geruch noch Tage in der Nase verharrt. Trotzdem ist jeder Vogel ein einzigartiges Individuum.

An Land unbeholfen, im Wasser elegant und gegen die Rauheit des Wetters unempfindlich – Pinguine verkörpern die Vielfalt des Lebens. Während andere Vögel am Himmel schweben, fliegen diese Meeresvögel unter den Wellen. Wie Torpedos schießen sie mit gewaltigem Antrieb aus dem eisigen Wasser und widersetzen sich damit jeglicher Annahme, sie seien »flugunfähig«.

In der Antarktis läuft die Zeit anders. Der Sommertag zieht sich unendlich hin. Uhren sind nur noch dazu da, an Schlafens- und an Essenszeiten zu erinnern. Unser Schiff durchfährt den gefrorenen Ozean, bahnt sich einen Pfad, der sich rasch wieder hinter uns schließt. Es ist eine weiße Welt, heller und intensiver als alles, was ich zuvor gesehen habe – als wäre das gesamte Licht des Universums hier vereint und würde sich über uns ausbreiten. Überall ragt hellweißes Eis in den dunstigen Himmel. Unser Schiff ist nur ein gelber Klecks auf einer endlosen, weißen Leinwand.

Waagerechte Streifen aus beißendem Eis zerreißen die frierende Luft. Ich bin eine zusammengekauerte Gestalt inmitten des Schneesturms, bemüht, die Kamera im heulenden, kreischenden Wind ruhig zu halten. Durch zusammengekniffene, brennende Augen sehe ich überall um mich herum Weißflügel-Sturmvögel und wie sie geschickt den Wind durchfliegen oder im eisigen Ozean nach Futter suchen.

Die Heimat des Albatrosses ist der Himmel. Über Tage hinweg verfolgt er schon unser Schiff und bereichert mit seinem anmutigen Flug das kalte, windgepeitschte Südpolarmeer. Ich blicke aus meiner warmen Kabine und schaue zu, wie er auf dem Wind reitet – zufrieden darüber, dass er ziehen kann, wohin immer er will. Es steht ihm frei, die Umgebung meiner metallenen Welt zu verlassen, die sich ihren Weg durch den Ozean bahnt.

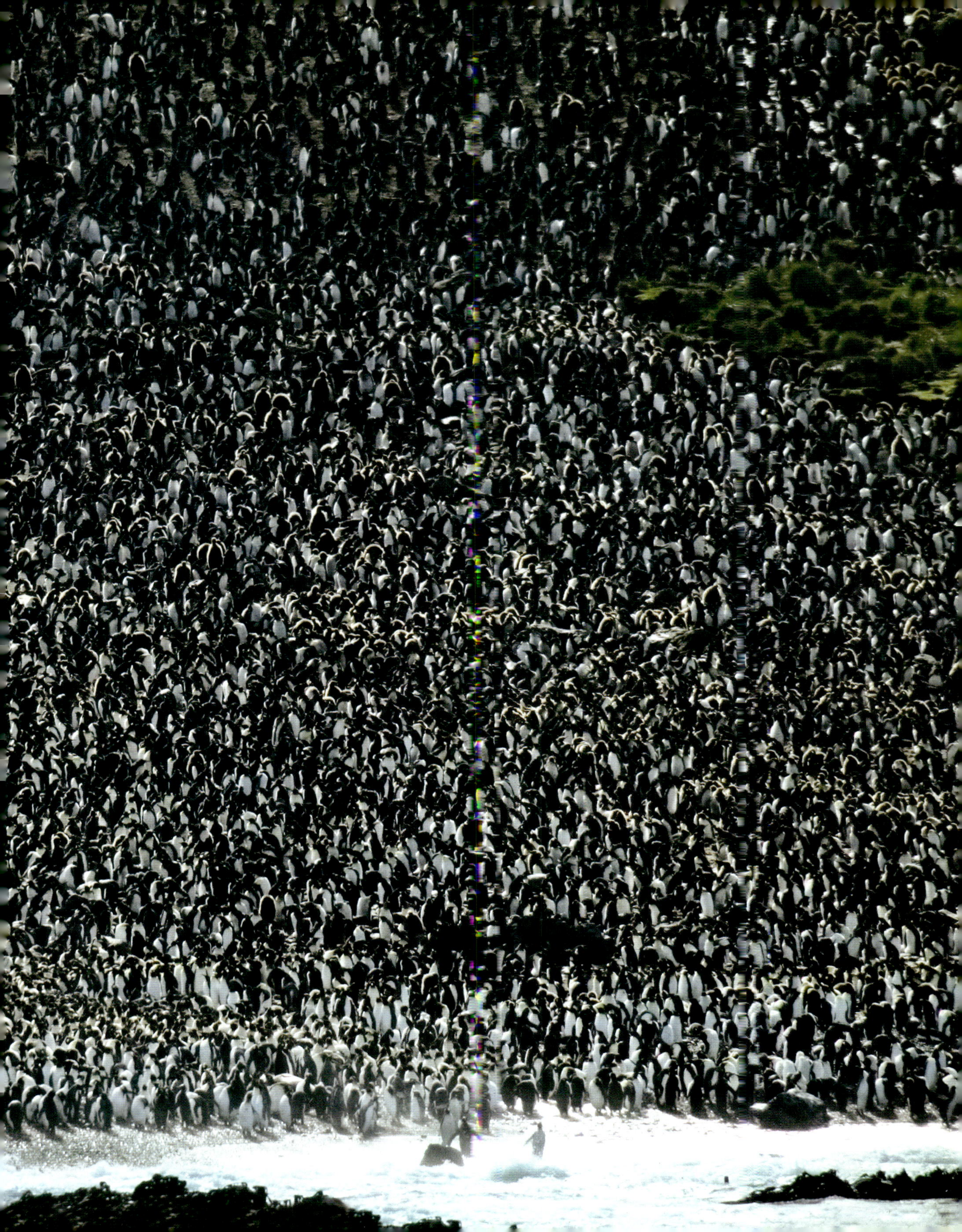

EURASIEN

»Ganz alleine und hoffnungslos vom Aussterben bedroht, blickt der Tiger empor und macht augenblicklich klar, dass er der Situation vollkommen gewahr ist.«

Ein Schneeaffe erscheint durch einen durchscheinenden Schleier aus emporsteigendem Dampf. Die Thermalquelle ist seine Zuflucht, seine kleine Oase in der gewaltigen Kältewüste. Eingetaucht in Wärme betrachtet er eifrig seinen eigenen Arm. Auch ich lasse mich in seine Betrachtung einbeziehen und erkenne die langen, eleganten Finger, die perfekt geformten Nägel, die zarten Falten an den Knöcheln – so detailliert wie bei Ihnen und mir. Die einzelnen Teile verkörpern die Bande, die uns miteinander verbinden, ein perfektes Symbol für das, was wir gemeinsam haben.

Das kurzsichtige und sture Nashorn setzt beim Angriff ungeheure Kräfte frei. Ich sehe mich dem Zorn eines wütenden Nashorns gegenüber, das auf mich zustürmt und dessen gewaltiger Umfang im Sucherrahmen rasch zunimmt. Es ist zu nahe, das Bild verliert an Schärfe, und die Peripherie ist nur noch ein bewegtes Grau. Den Bruchteil einer Sekunde vor dem Zusammenprall dreht es ab und verfehlt nur knapp mein offenes Fahrzeug. Das einzige Geräusch, das ich höre, ist mein Herzschlag. Nashörner bewegen mich zutiefst – sie erinnern mich an einsame und gejagte Flüchtlinge aus einem prähistorischen Zeitalter, die trotzig ihr eigenes, schwindendes Revier behaupten müssen.

Ich durchstreife den tiefen indischen Dschungel, um einen Blick auf den schwer fassbaren wilden Tiger zu erhaschen. Zunächst sind wir mit dem Fahrzeug unterwegs, dann auf dem Rücken eines Elefanten. Wir schlagen uns durch dichtes Unterholz, klettern Wasserläufe hinab und kämpfen gegen überhängende Zweige. Gerade als die Frustration über einen Misserfolg unsere Gedanken ergreift, erspähen unsere Führer zwei leuchtende Juwele im Blätterwerk. Die Augen des Tigers erscheinen heller als alles andere im Dschungel. Ganz alleine und hoffnungslos vom Aussterben bedroht, blickt der Tiger empor und macht augenblicklich klar, dass er der Situation vollkommen gewahr ist. Der Augenblick jedoch ist viel zu kurz, denn schon entschwindet er eilig in die Schatten zurück.

Die Camargue in Südfrankreich ist Heimat der großartigen Camargue-Pferde; hier weiden sie auf dem Land entlang der Sümpfe. Es war schon lange mein Wunsch, sie zu fotografieren, die ungezähmte Energie und den Gemeinschaftsgeist dieser zähen Tiere zu porträtieren. Man benötigt dazu mehrere Versuche, bei denen man viele Stunden bis zum Oberschenkel im Sumpf steht und von Insektenbissen in der heißen Sonne geplagt wird. Voller Lebenskraft stampfen die Pferde durch das Wasser auf mich zu. Ich liebe jede Minute dieses unvergesslichen Ereignisses.

An diesen Ort habe ich kostbare Erinnerungen. Im Wald beiderseits des Flusses Sekonya auf Borneo wimmelt es nur so von Primaten. Während wir in einem kleinen Boot vorbeifahren, drehen sich Nasenaffen, Gibbons und Makaken um und beobachten uns. Zum ersten Mal sehe ich in der Ferne einen Orang-Utan, ein kurzes, teils von Ästen verdecktes, orangefarbenes Aufleuchten. Ich folge ihm mit den Augen, bis ich ihn nicht mehr sehe. Später, im Camp Leakey, treffe ich auf viel mehr Orang-Utans, die mich mit ihren sanften Augen betrachten. Sie sind ein wichtiger Teil im ökologischen Gleichgewicht der Regenwälder.

Im Süden Australiens stoße ich auf einen jungen Wald. Der vor etwa dreißig Jahren aus Agrarland zurückverwandelte Regenwald ist voller Leben. Im Unterholz wimmelt es vor Tieren und auch das Kronendach schließt sich langsam wieder. Mein ebenfalls dreißigjähriger Führer wirkt unter den hohen Bäumen wie ein Zwerg. Ich denke mir, wie unterschiedlich doch jeder in den drei Jahrzehnten gewachsen ist.

Nach der langen Wanderung zu einer Grasflur in Australien überkommt mich ein tiefes Gefühl des Friedens. Jeden Morgen und Abend fotografiere ich Kängurus, die nichts anderes machen, als einfach Kängurus zu sein. Mich begeistert die verhältnismäßige Einfachheit ihres Lebens, das frei ist von den Kompliziertheiten und all dem Ballast, den wir so beschwerlich finden.

Ich reise nach Nordchina, um Sibirische Tiger zu fotografieren. Obwohl sie die Unbilden der rauesten Winter auf der Erde unbeeindruckt lassen, sind sie vom Aussterben bedroht. Heute leben mehr Tiger in Gefangenschaft als in freier Wildbahn – eine bedauernswerte Beschreibung ihres gefährdeten Bestands. Gebannt von ihrer Gegenwart vergesse ich die mich umgebende Kälte.

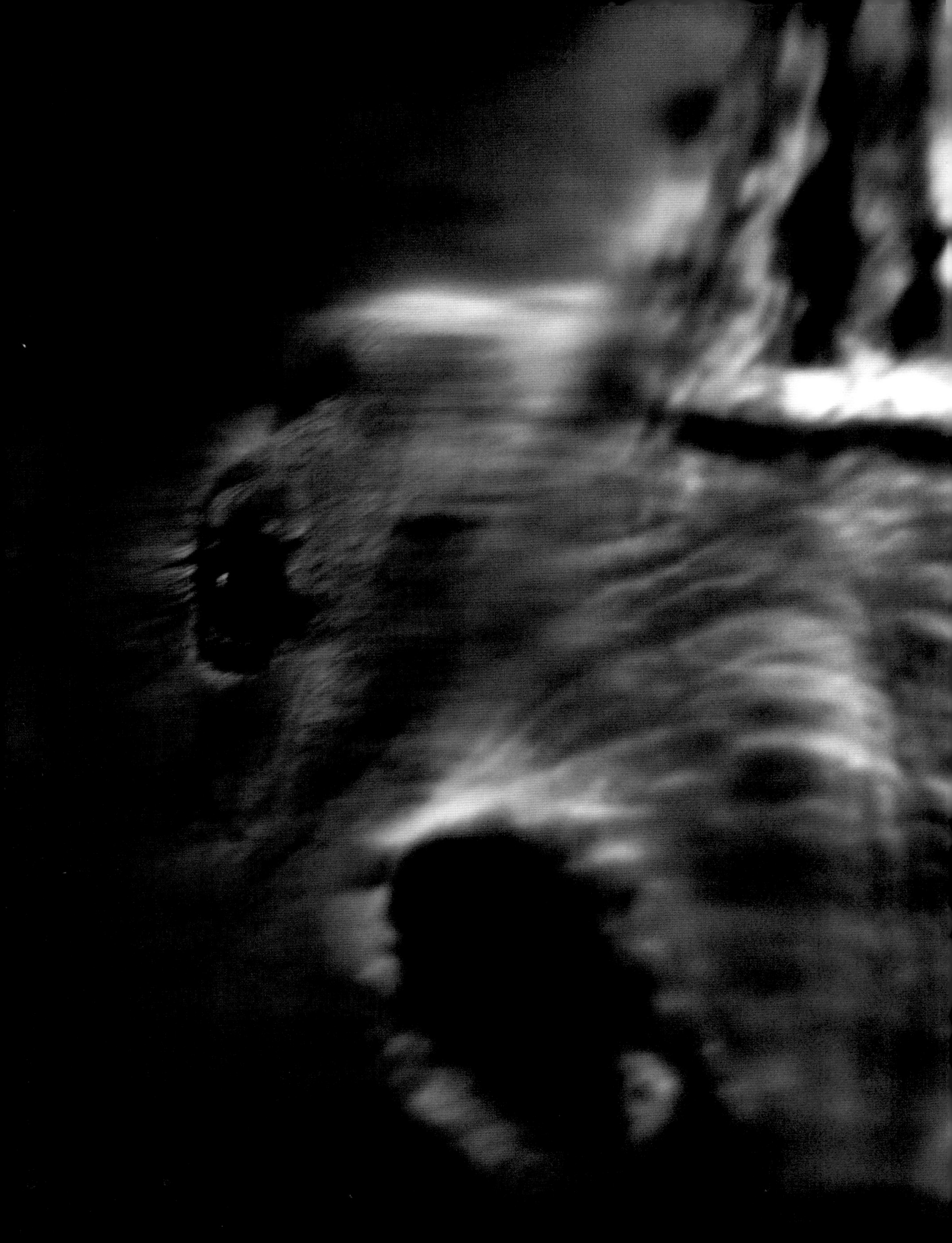

NORD- UND SÜDAMERIKA

»Die morgendliche Stille wird von bunten Wirbelwinden durchbrochen, als sich die Aras und Papageien mit eiligem Flügelschlag in die Luft erheben.«

Tief im Regenwald Amazoniens versammeln sich wilde Aras und Papageien an Lehmböschungen entlang der Flüsse. Sie fressen den Lehm, der die starke Säure der von ihnen verzehrten Früchte neutralisiert. Hier kommen sich die Tiere aber auch näher. Zwei Tage fuhr ich mit meinem Sohn Daniel den Fluss Tambopata in Peru entlang. Wir lagerten in Ufernähe, standen jeden Morgen um fünf auf und erlebten ein wunderbares Schauspiel, wenn das Licht des Morgens für kurze Zeit mit Hunderten von farbenfrohen Vögeln erfüllt war.

Am sternenübersäten arktischen Himmel erscheint ein schwaches grünes Licht. Als ob es die monochrome Nacht herausfordern wollte, bleibt es einen Augenblick lang stehen: ein blasser, leuchtender Streifen. Weitere Farben entstehen und breiten sich auf dem Firmament aus und explodieren dann in einer Farbensinfonie aus leuchtend roten, scharlachroten und grünen Farben. Der Himmel wird von einem Ballett von sich leicht bewegenden Segeln erfüllt, die sich entfalten um einen einzigartigen Tanz aufzuführen. Das Licht verschwindet allmählich, entfernt sich und die Dunkelheit kehrt zurück.

Grizzlybären sind von Natur aus Einzelgänger, daher drängeln sie sich während des »Salmon-Runs«, wenn die Lachse zum Laichen in ihre Gewässer zurückkehren, um einen guten Platz an Wasserfällen und in Flüssen. Eine unbehagliche Ruhe macht sich breit, sobald jeder Bär seinen Platz am wasserführenden Förderband eingenommen hat und ungeduldig auf die bevorstehenden Mahlzeiten wartet.

Ich war bereits entzückt von im Wald singenden Gibbons, vom morgendlichen Chor auf einer Wiese in England und von der Kakophonie Tausender Königspinguine, die alle auf einmal losschrien. Ich war jedoch völlig unvorbereitet, als ich zum ersten Mal Buckelwale singen hörte. Der anfängliche Ton eines elektronischen Unterwasser-Mikros ging über in ein Geräusch, das erfüllt war von choraler Harmonie, sobald die Wale an die Oberfläche kamen und ich sie endlich direkt sehen und hören konnte. Der betörende, hohle Klang drang mir bis in die Haarspitzen und besänftigte gleichzeitig meine Seele.

In Alaska durchströmt der winterliche Sonnenaufgang die Luft mit Licht und Farben. Ich beobachte die frühen Sonnenstrahlen durch die durchscheinenden Schnäbel von Weißkopfseeadlern, bis diese im Sonnenstrahl zu erglühen scheinen. Das Licht des Morgens wird schon bald von Regen und Schnee abgelöst, und während der Tag in die Düsterheit des Winters eintritt, bleibt nur noch ein nachklingendes Abbild der angestrahlten Vögel zurück.

Delfine verbreiten ein Gefühl von Frieden und Freiheit. Diese anmutigen Säugetiere erfreuen uns immer, wenn sie unser Schiff begleiten. Sie teilen viele Eigenschaften mit uns, zum Beispiel Neugierde und Tapferkeit. Und sie sind auch genauso wie wir vergnügungssüchtig. Oft sind sie in Fischernetzen gefangen und erfahren grausames Leid durch die Hand des Menschen, man kennt aber auch ihre altruistischen Verhaltensweisen, wenn sie verirrte Menschen in Sicherheit geleiteten.

Aufgrund des Windes sinkt die Temperatur auf minus 70 Grad, die Luft krallt sich in die ungeschützten Stellen meines Gesichts. Ich zwinkere, die Augenlider frieren zu. Wir durchkämmen die Eisfelder Kanadas auf der Suche nach einer Eisbärenmutter, die mit ihren Jungen den Bau verlässt. Dabei erleben wir einen Spießrutenlauf zwischen Blizzards und Whiteouts, und auch unsere Ausrüstung droht den Geist aufzugeben. Als wir die Bären sichten, gelassen und in spielerischer Laune, wird mir mein eigenes zerbrechliches Wesen deutlich bewusst. Zitternd, trotz Hightech-Kleidung, beobachte ich die Jungen beim Spiel im Schnee, die gut geschützt sind von ihrem großartigen Fell.

Jeden Winter versammeln sich Eisbären am Ufer der kanadischen Hudsonbai und warten, dass das Wasser zufriert, um dann aufs Eis zu gehen und Robben zu jagen. Sie sind nur vorübergehend da. Fotoaufnahmen sind daher abhängig von genauestem Timing, dem richtigen Wetter und außerordentlichem Glück.

DAS EINFANGEN DES LICHTS

»Die künstlerische Arbeit ist der Versuch, jene frühen Eindrücke wiederzufinden, die einst unsere Seele bewegt haben.«

Manchmal erfährt unser Leben unerwartete Wendungen auf Grund einer Reihe von Ereignissen, die wir oft nicht selbst herbeigeführt haben. Ich begann erst relativ spät mit der Tierfotografie, kurz nach meinem vierzigsten Geburtstag. Mit meiner Frau unternahm ich einen Safari-Urlaub in Südafrika, wo ich einige Tiere fotografierte. Damals leitete ich ein Bildbearbeitungsstudio in London, das für Werbeagenturen tätig war. Meine Arbeit brachte es mit sich, dass ich um die kommunikative Kraft von Bildern wusste und um ihre Fähigkeit, beim Menschen Emotionen zu erwecken. Aus einer Laune heraus kam mir der Gedanke einfach mal zu sehen, was ich mit der Tierfotografie bewegen könnte.

Meine eigene fotografische Arbeit lag einige Jahre lang brach, da das Verdienen des Lebensunterhalts Vorrang vor der Kreativität hatte. Erst der Urlaub in Südafrika weckte in mir wieder meine frühere fotografische Leidenschaft und setzte starke Antriebskräfte frei. Eine neue Karriere – und Reise – hatte begonnen. An der Tierfotografie begeisterte mich besonders die Tatsache, dass Tiere sich nicht so einfach handhaben lassen. Da hier die Natur die Choreografie bestimmt, ist der Fotograf noch viel stärker dem Zufall ausgesetzt als bei anderen fotografischen Arbeiten.

Ein paar Jahre später reiste ich um die Welt und fotografierte Menschenaffen und andere Primaten. Ich entfernte mich Tausende von Kilometern vom gewohnten Stadtleben und tauschte mein Büro in der Londoner Oxford Street gegen einige der abgelegensten Orte der Erde. Ich weiß noch, wie ich eines frühen Morgens am Fluss Sekonya in Borneo entlangwanderte und durch einen Nebelschleier Nasenaffen beobachtete. Ich fühlte mich dabei unglaublich privilegiert und war dankbar, an einem solch erbauenden Ort arbeiten zu dürfen.

Zwei Jahre lang habe ich fast nur Primaten fotografiert. Danach konzentrierte ich mich auf die Tierwelt Afrikas und bereiste viele Gebiete auf dem riesigen Kontinent. Je mehr ich fotografiere und entdecke, desto sicherer kann ich behaupten, dass die fotografischen Möglichkeiten unbegrenzt sind und dass noch viel mehr auf der Welt erforscht werden kann. Unter dieser Prämisse entstand die Idee für das vorliegende Buch; ich machte mich also auf, um Tiere aller Kontinente der Welt zu fotografieren. Mein Konzept ist einfach, doch die Ausführung ist außerordentlich schwierig. Stets versuche ich, vermittels der Fotografie die ungebändigte Kraft des Lebens zu zeigen – und jene Bande, die alle Lebewesen miteinander verbinden. Ich habe nicht versucht, eine umfassende Dokumentation über Tierarten und deren Verhalten zusammenzustellen. Ich werde viel stärker von Motiven angezogen, die dynamisch wirken und Gefühle erzeugen.

Die in diesem Buch gezeigten dramatischen Ereignisse kann man als kleine Ausschnitte flüchtiger Emotionen betrachten. Manchmal ist die Atmosphäre auf magische Weise energiegeladen. Ich versuche, diese Energie dann einzufangen und durch die jeweilige Fototechnik ihr Wesen wiederzugeben, um auf diese Weise gleichsam visuelle Poesie zu schaffen.

Das Auge wird in ein Bild hineingezogen und begibt sich auf eine Reise. Ein harmonisches Verhältnis zwischen Licht, Farbe und Bildkomposition ist genauso wichtig wie das Motiv, wenn ein Foto starke Gefühle vermitteln soll. Ansel Adams verglich einmal das Negativ mit einer musikalischen Partitur und das fertige Foto mit der Aufführung. Die Herstellung von Papierabzügen ist in der Tat ein schwieriger Interpretationsprozess.

Die Wissenschaft der Fotografie erfährt heute einen fundamentalen Wandel. Der rasche technische Fortschritt hat die Fotografie stärker verändert als irgendeine andere Phase in ihrer Geschichte. Die Tatsache, dass sich das Aufzeichnungsmedium von Silber hin zu Pixeln verändert hat, eröffnet neue Möglichkeiten, die Welt um uns herum zu betrachten und zu porträtieren. Verschwunden sind die Beschränkungen traditioneller Kameras und Dunkelkammern. Fotos lassen sich nun intuitiver kreieren und entsprechen viel eher der Art und Weise, wie unser menschliches Auge sieht und unser Gehirn Erlebnisse interpretiert. Stilrichtungen wie etwa Impressionismus und Kubismus haben bereits gezeigt, welche Möglichkeiten ein Künstler hat, sowohl eine gewisse Stimmung zu akzentuieren als auch Motive auf neuartige Weise aufzugreifen. Mich ermutigt es, dass ich mit noch größerer Kunstfertigkeit an die Bilder herangehen und somit den Betrachter noch stärker in das Bild hineinziehen kann. Die für diese Kreativität notwendigen Instrumente werden zwar ständig verbessert, doch darf man dabei nicht vergessen, dass sie nur Instrumente sind und niemals die künstlerische Fantasie ersetzen können.

Das Spektrum der Fotografie ist sehr breit. Ausgewogenheit und Harmonie sowie die Beziehung zwischen Farben und Formen können Gefühle der Ruhe erwecken. Gleichzeitig umfasst das Spektrum aber auch Unruhe und Chaos, wenn verschiedene Kräfte zusammenkommen und um die Vormachtstellung kämpfen – explosive Momente, in denen besondere Veränderungen stattfinden. Ich bin beständig auf der Suche nach den Kräften in der Natur, die mich den Sinn des Lebendigseins erkennen lassen. Kunst und Natur sind untrennbar miteinander verbunden, und die Fotografie ist ein Weg, dieser Verbindung eine feste Form zu geben.

Bei der Fotografie spielen auch Auslese und Interpretation eine bedeutende Rolle. Genauso wie die Maler haben alle Fotografen eine eigene Sichtweise der Dinge. Wenn zwei Fotografen dasselbe Ereignis aufnehmen, kommen dabei wahrscheinlich völlig unterschiedliche Bilder heraus. Es ist ebenso wichtig, was ein Fotograf in einem Motiv enthüllen will, wie das, was er außen vor lassen möchte. Aus diesem Grund kann man die Fotografie als echte Kunstform anerkennen. Die Natur ist ständig in Bewegung, und der Fotograf, als Teil der Natur, erwählt und porträtiert jene Elemente, die er als für den Betrachter wichtig erachtet.

Manche Bilder zeigen spektakuläre Augenblicke, die nur von ganz kurzer Dauer waren. So war zum Beispiel das Bild von dem aus den Wellen schießenden Weißhai besonders schwer zu realisieren – die ganze Szene dauerte nicht einmal eine Sekunde. Die große Stärke der Fotografie liegt darin, flüchtige Ereignisse einzufrieren, die sonst in ferner Erinnerung verblassen würden, und sie schafft es, die Größe des Moments erneut aufleben zu lassen.

Wasser ist ein Motiv, das ich immer wieder aufgreife. Alle Lebewesen benötigen Wasser zum Überleben, und mich ziehen besonders von Wassertropfen geformte chaotische Muster an. Wasser spielt eine wichtige Rolle in unser aller Leben, und die Beziehung eines Tieres zum Wasser fesselt mich als Fotografen. Bekräftigen nicht die von fließendem Wasser geschaffenen, so offensichtlich flüchtigen Formen die vergängliche Natur allen Lebens?

Die Bilder dieser Sammlung sind Resultate einer zehnjährigen Arbeit, wobei die Fotos der letzten 18 Monate mit Digitalkameras aufgenommen wurden. In jüngster Zeit bin ich davon abgekommen, die Kamera wie ein Maschinengewehr einzusetzen, nur um so viel Film wie möglich zu verschießen, in der Hoffnung, den perfekten Moment einzufangen. Paradoxerweise habe ich erkannt, dass entscheidende Momente immer noch am besten mit Einzelaufnahmen eingefangen werden können, selbst bei rasch ablaufenden Vorgängen.

Die digitale Fotografie hat mich von der Angst befreit, dass meine Filme am Flughafen beim Durchleuchten des Gepäcks zerstört werden, und nicht zuletzt auch von der körperlichen Last, die der Transport von mehreren hundert Filmrollen auf einem Flug mit sich bringt. Allerdings muss ich mir jetzt um die Stromversorgung in entlegenen Gebieten Sorgen machen und ganze Taschen voller elektronischer Geräte mitschleppen, um die Bilder zu speichern. Die Möglichkeit, Bilder bereits im Gelände anzuschauen, wirkt befreiend auf die Arbeit, wenngleich dies einen niemals von der intensiven Konzentration auf das Motiv ablenken sollte.

Ich reise mit so wenig Gepäck wie möglich, aber oft bin ich schon allein durch das Gewicht der Ausrüstung eingeschränkt. Die besten Kameras und Objektive sind sehr robust und daher auch schwer. Meist arbeite ich allein und trage die Ausrüstung ohne Hilfe über weite Strecken durch schwieriges Gelände. Der große Feind ist die Ermüdung, die nur durch Zielstrebigkeit gebannt werden kann. Wenn mir dann ein schönes Foto gelungen ist, wird die Erschöpfung von einem Gefühl des Stolzes begleitet.

Normalerweise habe ich bis zu vier Kameras und eine ganze Reihe von Objektiven dabei, darunter Reserveobjektive. Viele Orte sind nur schwer und unter hohem Kostenaufwand erreichbar, daher ist eine Extra-Ausrüstung die beste Versicherung gegen technisches Versagen oder gar Verlust. Ich habe Objektive mit Brennweiten von

16 mm bis 600 mm, darunter auch einige Zoom-Objektive. Von Anfang an habe ich Kleinbild-Spiegelreflexkameras von Canon verwendet. An Filmen benutze ich vorwiegend Fuji Velvia und Provia Diafilme. Außerdem habe ich ein leichtes, aber robustes Kohlefaserstativ dabei, obwohl ich weit seltener mit Stativen arbeite als die meisten anderen Fotografen auf diesem Gebiet. Stative halten die Kamera zwar ruhig, sie können jedoch bei raschen Bildfolgen und Richtungswechseln hinderlich sein. Die Entwicklung von Bildstabilisatoren in den letzten Jahren brachte große Vorteile mit sich.

Wenn ich vom Geländewagen aus in Afrikas Wildreservaten fotografiere, platziere ich mit Bohnen gefüllte Säckchen an den Fenstern. Beim Fotografieren lege ich dann die Objektive darauf. Solche Säckchen sind zwar ein idealer Stativ-Ersatz bei statischen Motiven, doch eignen sie sich nicht für Aufnahmen von Tieren in Bewegung, wie etwa rennenden Geparden.

In freier Natur ist die Fotoausrüstung oft gewaltigen Belastungen ausgesetzt. Kameras und Objektive werden schon mal von Wasser und Schlamm durchtränkt, müssen Temperaturen bis zu minus 50 Grad aushalten, hohe Luftfeuchte ertragen, sind in Wüsten Sandstürmen ausgesetzt und kommen mit Meerwasser in Berührung – dennoch lassen sie mich selten im Stich. Unter solchen Umständen muss man geeignete Maßnahmen ergreifen, um seine Ausrüstung zu schützen. So hat man beispielsweise bei Temperaturen unter dem Gefrierpunkt ernste Probleme mit der Kondensation und der Zerbrechlichkeit von Glas. Man muss ganz besonders vorsichtig sein, wenn man eine Kamera aus eiskalter Umgebung in einen wärmeren Raum bringt. Zumindest sollte sie vor Betreten des warmen Raumes mit einer Plastikhülle versiegelt werden.

Auch die Kenntnis der eigenen Körpersprache ist für die Tierfotografie von höchster Bedeutung. Soweit ich kann, versuche ich den Tieren zu signalisieren, dass ich keine Bedrohung für sie darstelle. Eine plötzliche oder konfrontierende Annäherung führt dazu, dass das Tier entweder angreift oder davonläuft. Beides verhindert eine erfolgreiche Aufnahme und belastet sowohl den Fotografen als auch sein Motiv auf unnötige Weise. Manchen Tieren kann man sich nur bis zu einem gewissen Grad nähern, dieser variiert jedoch sehr, daher ist es wichtig zu wissen, wie weit man gehen kann, ohne sie zu stören. Genauso wichtig ist es, in ihrer Gegenwart ruhig zu bleiben und das Aufeinandertreffen sensibel zu gestalten.

Äußerst wichtig ist zudem zu wissen, wie man sich bei potentieller Gefahr verhält. Grizzlybären mögen es nicht, wenn sie überrascht werden, daher sollte man sie auf sich aufmerksam machen, ohne dabei bedrohlich zu wirken. Es hat übrigens keinen Sinn wegzulaufen, da ein Bär immer schneller ist als ein Mensch, und dies außerdem ein falsches Signal geben würde. Bei Berggorillas muss man unterwürfig sein, direkten Augenkontakt vermeiden und den Kopf geneigt halten. Genauso, wie wir manchmal in bestimmten zwischenmenschlichen Situationen auf der Hut sein müssen, trifft dies auch für den Umgang mit Tieren zu. So ist zum Beispiel das Fotografieren in Gebieten, in denen Tiere gejagt werden, viel schwieriger und manchmal auch gefährlicher. Menschen sind die größte Gefahr für die Tierwelt. Tieren sollte daher jederzeit der größte Respekt gezollt werden.

Ich hoffe, diese Bilder nehmen Sie mit auf eine anregende Reise zu den wundervollsten Orten der Welt und vermitteln Ihnen einen Eindruck sowohl von den Tieren als auch der Umwelt, in der sie leben. Als Fotograf bin ich oft zwischen dem Wunsch, einen bestimmten Ort länger zu besuchen, und dem Anspruch, möglichst viel Unterschiedliches zu fotografieren, hin- und hergerissen. Es ist immer schwierig, die richtige Balance zu finden, doch ich bemühe mich, Qualität über eine zu große Mannigfaltigkeit zu stellen. Mit dem Bewusstsein, dass fotografische Perfektion unerreichbar ist, akzeptiere ich die Notwendigkeit, einen Ort zu verlassen und weiterzufahren.

STEVE BLOOM

BILDLEGENDEN

1 Camargue-Pferde, Frankreich
Ein ausgewachsenes Pferd und ein temperamentvolles Jungtier galoppieren ungehindert durch Frühlingswiesen mit roten Mohnblumen. Etwa sechs Monate nach der Geburt verliert das Fohlen sein ursprüngliches dunkles Fell und nimmt das charakteristische Weiß der Camargue-Rasse an.

2 Hellroter Ara, Peru
Ein Hellroter Ara schießt im Amazonas-Regenwald durch die Luft und bietet ein verwirrendes Farbenspiel. Der Schnabel dieser größten Papageienart dient zum Knacken harter Nüsse und hilft beim Herumklettern zwischen den Ästen.

3 Großer Tümmler, Honduras
Schnell wie ein Torpedo schießt ein Großer Tümmler über die Wasseroberfläche an der karibischen Küste. Da Luft eine geringere Reibung hat als Wasser, können Delfine stark beschleunigen, wenn sie zwischen beiden Elementen wechseln.

4 Sibirischer Tiger, Nordchina
Ein durch den Schnee sprintender Tiger zeigt all seine Kraft und Energie. Der Sibirische Tiger ist die größte Katze der Welt. Bei der Jagd nach Beute pirscht er sich verstohlen heran und schlägt dann plötzlich zu.

5 Larvensifaka, Berenty, Madagaskar
Mit weit aufgerissenen Augen hält sich ein Sifaka-Baby an seiner Mutter fest, während sie am sonnigen Tag hohe Sprünge vollführt. Sifakas sind eine Lemurenart. Sie können über weite Strecken am Boden aufrecht springen oder von Baum zu Baum hüpfen.

6 Grüner Leguan, Honduras
Das netzartige Gesicht des Leguans bildet ein originelles Mosaik. Dieses in den tropischen Regionen Amerikas weit verbreitete, widerstandsfähige Reptil lebt hoch in den Bäumen. Selbst ein Sturz aus 15 Metern Höhe kann dem Leguan nichts anhaben.

AFRIKA

7 Schimpanse, Monkey World Rescue Centre, Großbritannien
Mit ausgestrecktem Arm und gespreizten Fingern untersucht ein Schimpanse niederprasselnde Regentropfen. Monkey World ist eine Organisation, die Primaten Asyl gewährt und sie wieder in natürliche soziale Gruppen eingliedert.

8 Berggorillas, Parc des Virungas, Demokratische Republik Kongo
Ein Berggorillamännchen und ein -weibchen sitzen im Krater eines erloschenen Vulkans, immer auf der Hut vor ungewöhnlichen Geräuschen oder Bewegungen. Dieser dichte afrikanische Regenwald ist ihr natürlicher Lebensraum.

9 Silberrücken-Gorilla, Mgahinga-Nationalpark, Uganda
Ein Gorilla blickt forschend durch die dicke Dschungelvegetation. Der Silberrücken, das dominante Männchen der Gorillagruppe, ist immer wachsam gegenüber Eindringlingen.

10 Parsons Chamäleon, Perinet, Madagaskar
Nahaufnahme vom Kopf eines Parsons Chamäleons, dessen smaragdgrüne Färbung das Grün des Regenwalds nachahmt. Wie bei allen Chamäleons lassen sich die vorspringenden Augen unabhängig voneinander bewegen und ermöglichen somit einen Blickwinkel von 360°.

11 Gepard, Masai Mara, Kenia
In voller Geschwindigkeit und mit allen Beinen in der Luft rast ein jagender Gepard durch die Steppe. Eine Kombination einzigartiger körperlicher Merkmale, unter anderem leichter Knochenbau und eine verlängerte Körperform, ermöglichen, dass der Gepard über kurze Strecken fast zu fliegen scheint.

Die Nummerierung der Bilder entspricht der Reihenfolge ihres Erscheinens im Buch

12 Springbock, Namib-Naukluft-Nationalpark, Namibia
Die unter der gewaltigen roten Sanddüne zwergenhaft erscheinende Springbock-Antilope steht ganz allein da. In der Wüste Namib, einer der feuchtesten Wüsten der Erde, sind die höchsten Sanddünen der Welt zu finden.

13 Afrikanischer Leopard, Namibia
Die Silhouette eines über einen waagerechten Baumstamm schleichenden Leoparden vor einem glühenden afrikanischen Sonnenuntergang. Leoparden sind normalerweise Einzelgänger, die nur selten tagsüber jagen. Sie werden erst in den frühen Abendstunden und bei Nacht aktiv.

14 Geier und Afrika-Marabus, Masai Mara, Kenia
Vom goldenen Licht der Morgendämmerung umgeben reißt sich ein drängelnder Schwarm aus Geiern und Afrika-Marabus um die Reste eines toten Löwen. Diese Aasfresser spielen in der Ökologie der afrikanischen Ebenen eine bedeutende Rolle, indem sie die Reste von Tieren entsorgen.

15 Gnus, Masai Mara, Kenia
Das Licht der aufgehenden Sonne erhellt die in Staub gehüllte Silhouette einer durch das Buschland ziehenden Gnuherde. Während junge Gnus bei Tagesanbruch voller Energie umhertollen, beginnen die älteren Tiere die Herde an Plätze zu führen, wo sie weiden und trinken können.

16 Kattas, Berenty, Madagaskar
In den frühen Morgenstunden werfen die Kattas oder Katzenmakis lange Schatten. Diese besonders sozialen Tiere richten die langen, geringelten Schwänze auf, um Signale auszusenden.

17 Leopard, Namibia
Mit konzentriertem Blick sammelt der Leopard in den Hinterbeinen Kraft an, bevor er senkrecht auf den Baum springt. Leoparden können eine bemerkenswerte Höhe erreichen, und sie schaffen es auch, Beute, die schwerer ist als sie selbst, auf hohe Äste zu zerren, um sie vor Aasfressern zu schützen.

18 Gepard, Namibia
Mit den bernsteinfarbenen Augen und der Mähne eines Neugeborenen blickt ein Gepardenbaby durch die Beine seiner Mutter. Von jungen Geparden wird schon im Alter von nur einem Monat erwartet, dass sie feste Fleischnahrung zu sich nehmen und lange Strecken zurücklegen.

19 Löwen, Masai Mara, Kenia
Vor einer Gewitterwolke durchstreift eine Löwenfamilie mit ihren Jungen die Savanne. Die dunklen Wolken kündigen das Ende des trockenheißen Sommers und den Beginn der Wachstumsperiode an.

20 Afrikanische Elefanten, Botswana
Auf dem staubigen Boden warten fünf Elefanten auf das bevorstehende Gewitter. Diese schweren Regenwolken kündigen ein erneutes Wachstum im ausgedörrten Land an.

21 Afrikanische Elefanten, Amboseli-Nationalpark, Kenia
Eine Elefantenherde suhlt sich im weiten Sumpfland des Amboseli-Nationalparks. Schmelzwasser vom schneebedeckten Kilimandscharo sorgt für dauerhafte Quellen, die die sumpfigen Wasserläufe bewässern und für anhaltendes Grün sorgen.

22 Büffel, Okavangodelta, Botswana
Luftbild einer großen Büffelherde, die vom sumpfigen Grasland in festeres Gelände zieht. Eine Büffelherde hat keine richtigen Leittiere, daher bestimmt immer das Tier die Richtung, das mit dem Gebiet am besten vertraut ist.

23 Zebras, Etosha-Nationalpark, Namibia
Von Angesicht zu Angesicht stehen sich zwei Burchell-Zebras mit gefletschten Zähnen gegenüber. In Zebragruppen herrscht eine strenge Hierarchie und alle kämpfen verbittert darum, den sozialen Rang zu behaupten.

24 Zebras, Okavangodelta, Botswana
Luftbild einer rennenden Zebraherde, die gerade im durchnässten Grasland des Okavango kehrtmacht. Der ausgeprägte Herdeninstinkt bei den Zebras dient als Schutz der Einzeltiere vor Räubern.

25 Zebras, Masai Mara, Kenia
Die recht schreckhaften Zebras drängeln sich um eine Wasserstelle. Räubern gelingt es kaum, ein einzelnes Tier zu jagen, da sie im Gewirr der schwarzen und weißen Streifen die Orientierung verlieren.

26 Zebras, Masai Mara, Kenia
Im heftigen Regen steht eine durchnässte Gruppe von Zebras und wartet geduldig. Der seit langem erwartete Regen wird die trockene Savanne verjüngen und neues Leben bringen.

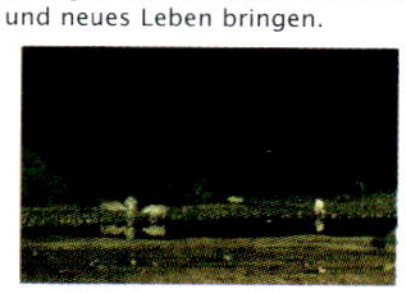

27 Schwarznashörner, Etosha-Nationalpark, Namibia
Vier Schwarznashörner spiegeln sich während des Trinkens in der Stille der afrikanischen Nacht im Wasserloch wider; ein fünftes schläft daneben und im Hintergrund sind mehrere gespenstische Giraffen zu sehen. Das Schwarznashorn ist vom Aussterben bedroht, was vorwiegend auf den illegalen Handel mit dem Horn zurückzuführen ist.

28 Gelbe Babuins, Amboseli-Nationalpark, Kenia
Wie es für ihr soziales Wesen typisch ist, zeigt eine Babuin-Familie die starke Bindung zueinander. Das rosafarbene Fleisch von Gesicht, Ohren und Extremitäten des Jungen erweckt bei den ausgewachsenen Tieren Fürsorge und Aufmerksamkeit.

29 Afrikanische Elefanten, Etosha-Nationalpark, Namibia
Im Abendlicht messen zwei junge Elefanten mit ineinander verschlungenen Rüsseln und einsatzbereiten Stoßzähnen ihre Kräfte an einem Wasserloch. Das Spiel der Elefantenkälber ist wichtig für das Erlernen sozialer Verhaltensweisen in der Herde.

30 Giraffe, Südafrika
Im bläulichen Dunst des frühen Morgens taucht neben einem silhouettenartigen Baum eine Giraffe auf. Dieses höchste Tier der Welt versteckt sich in der Nacht meist zwischen Bäumen und Büschen und wagt sich erst bei Tag hervor.

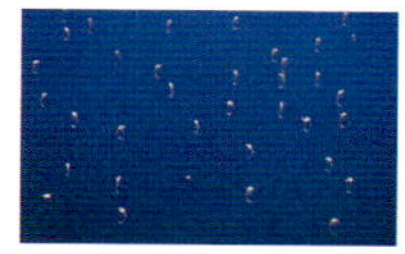

31 Flamingos, Magadisee, Kenia
Aus der Luft gesehen wirken die nach Nahrung suchenden Flamingos vor dem blauen Wasser wie helle Kommas. Sie breiten sich in regelmäßigen Abständen aus, damit jeder Flamingo genügend Platz hat, um mit dem gebogenen Schnabel Krustentiere und Algen aus dem Schlamm zu filtern.

32 Afrika-Nimmersatt, Okavango, Botswana
Ein Afrika-Nimmersatt sammelt im Tiefflug über dem Wasser im Okavango-Feuchtgebiet Nestmaterial. Das Männchen sucht den Nistplatz aus, meist in einem hohen Baum in Wassernähe, und beide Eltern bauen dann mit allen Kräften das unordentliche Lager, auf dem der Nachwuchs großgezogen wird.

33 Löwen, Masai Mara, Kenia
Am Kragen gepackt hängt ein Löwenjunges schlaff am Maul seiner Mutter, die es in Sicherheit bringt. Löwinnen zeigen eine bemerkenswert sanfte mütterliche Sorgfalt und tragen ihre Jungen, wenn das Rudel weiterzieht.

34 Afrikanische Elefanten, Masai Mara, Kenia
Rückenansicht einer Elefantenkuh mit ihrem eine Woche alten Kalb. Blutgefäße an der Rückseite der großen Ohren dienen dazu, Wärme abzugeben und die Elefanten unter der afrikanischen Sonne zu kühlen.

35 Afrikanischer Elefant, Etosha-Nationalpark, Namibia
Nahaufnahme des zerfurchten Gesichts eines Elefanten, das als Schutz vor der prallen Sonne zunächst mit Wasser gekühlt und dann mit Staub bedeckt wurde. Elefanten betreiben eine sorgfältige Pflege ihrer empfindlichen Haut, die viele Schweiß- und Talgdrüsen enthält, wie hier beispielsweise eine zwischen Auge und Ohr zu sehen ist.

36 Breitmaulnashorn, Kapama-Wildreservat, Südafrika
Das angreifende Breitmaulnashorn wirbelt mit seinen trampelnden Hufen eine Staubwolke auf. Ein Angriff dieses Tieres, der größten noch lebenden Nashornart, endet meist glimpflich.

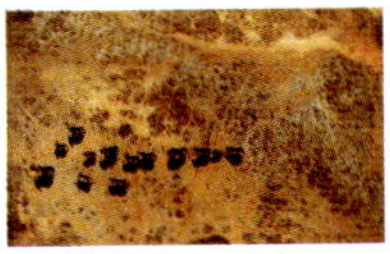

37 Afrikanische Elefanten, Amboseli-Nationalpark, Kenia
In der weiten, ariden Landschaft wirkt das schmale Band der Elefantenherde ganz winzig. Die staubige Ebene entstand durch alte vulkanische Asche von frühen Ausbrüchen des Kilimandscharo, dem höchsten Berg Afrikas.

38 Afrikanische Elefanten, Masai Mara, Kenia
Eine Elefantenfamilie rennt durch die Grassteppe. Neben der vorauseilenden Elefantenkuh laufen zwei Kälber, die erst ein paar Tage alt sind, aber dennoch mit der Herde Schritt halten können.

39 Afrikanische Elefanten, Botswana
Unter zuziehenden Gewitterwolken wirbeln zwei aggressiv aufeinander losgehende Elefanten eine Staubwolke auf. Es kommt zwar selten zu ernsthaften Kämpfen zwischen Elefantenbullen, dann aber schlagen sie mit den Köpfen zusammen und krachen die Stoßzähne aufeinander.

40 Flusspferde, Okavango, Botswana
Ein ruhiger Wasserlauf wird vom heiseren Gebrüll kämpfender Flusspferdbullen erschüttert. Ihre weit aufgerissenen Mäuler lassen große Stoßzähne erkennen, die gefährliche, manchmal sogar tödliche Wunden zufügen können. Ein lautes Auftreten reicht häufig aus, um den weniger dominanten Bullen abzuschrecken.

41 Zebras, Masai Mara, Kenia
Unter den wachsamen Augen von Zebras und Gnus bäumen sich zwei Zebrahengste beim Kampf um die Vormachtstellung auf. Ausgewachsene Zebras bilden Hierarchien und kämpfen um die Aufrechterhaltung ihrer Position.

42 Gnus, Masai Mara, Kenia
In einem wilden Massenansturm stürzen sich die Gnus dicht gedrängt das Ufer in den Mara-Fluss hinunter, um ihn zu durchqueren. Bei solchen Anstürmen während der alljährlichen großen Wanderung bleiben viele Gnus verletzt oder tot zurück.

43 Zebras und Gnus, Masai Mara, Kenia
Inmitten einer dicht gedrängten Gnuherde durchqueren zwei Zebras den Mara-Fluss in Kenia. Gemischte Herden aus Zebras und Gnus sind während der alljährlich in der Trockenzeit stattfindenden großen Wanderung nicht selten, wenn sich beide Arten auf die Suche nach neuen Weidegründen begeben.

44 Gnus und Zebras, Masai Mara, Kenia
Bei der großen Wanderung treffen riesige Herden von Gnus und Zebras zusammen, um den Mara-Fluss zu durchqueren. Die Massenwanderung findet alljährlich während der Trockenzeit statt.

45 Zebras, Masai Mara, Kenia
Mit den Köpfen fast im reißenden Wasser kämpfen sich die Zebras durch den Mara-Fluss. Bei dieser alljährlich während der Trockenzeit erfolgenden Wanderung zu neuen Weidegründen sind sich die Zebras der Gefahren durch Krokodile in den Wasserläufen bewusst.

46 Flusspferde, Masai Mara, Kenia
Kopf an Kopf dösen ausgewachsene und junge Flusspferde, sich in einem Fluss wälzend, in der heißen Sonne. Als soziale Tiere bilden Flusspferde im Wasser größere Gruppen, wobei sich die Muttertiere gemeinsam um die Jungen sorgen.

47 Giraffen, Amboseli-Nationalpark, Kenia
In der frühen Morgensonne werfen die Giraffen in der ariden Steppe lange Schatten. Ein weiter Teil des Amboseli-Nationalparks breitet sich in einem alten Seebett aus, das sich während der Trockenzeit in eine öde, staubige Ebene verwandelt.

48 Afrikanischer Elefant, Amboseli-Nationalpark, Kenia
Luftbild von einer rasch dahinziehenden Elefantenherde. Eine große Herde mit mehr als fünfzig Tieren besteht aus mehreren Mutter-Kind-Gruppen, aus Jungtieren sowie Leitkühen und Elefantenbullen, die normalerweise die Herde anführen.

49 Afrikanische Elefanten, Etosha, Namibia
Die in der Abenddämmerung um eine Wasserstelle versammelten Elefanten trinken, baden in kühlem Schlamm oder im schützenden Staub. Dieser Herde, die sich hier nach einer Tageswanderung erholt, gehören mehrere Kühe mit Kälbern und jungen Elefanten an.

50 Afrikanische Elefanten, Etosha-Nationalpark, Namibia
Mit ihren spielerischen Possen wirbeln die jungen Elefanten beim Herumtollen an einer Wasserstelle Staub auf. Die meisten Verhaltensweisen eines Elefanten sind angelernt und nicht instinktiv, daher erwerben sie durch Interaktionen in der Gruppe viele Fähigkeiten, die das Überleben sichern.

51 Leopard, Masai Mara, Kenia
Mit wachsamen Augen, auch im Dunkeln jagdbereit, späht ein Leopard nachts über einen Felsen. Die Farbe des Leopardenfells variiert von hellen bis hin zu dunkleren Brauntönen, je nachdem, ob der Leopard in der Hochsteppe oder in der Savanne lebt.

52 Leopard, Namibia
In höchster Konzentration pirscht sich ein in hohem Gras getarnter Leopard an die Beute heran. Die Markierungen des Fells heben die Umrisse des Leoparden auf und der Tarnungseffekt lässt ihn mit dem Hintergrund verschmelzen.

53 Springböcke, Etosha-Nationalpark, Namibia
Eine in Bewegung befindliche Herde rennender Springböcke in der Etosha-Ebene. Wie ihr Name schon andeutet, springt diese Antilope beim Laufen, indem sie den Rücken krümmt und die Beine zusammenhält, wobei ihre weißen Haare aufblitzen. Dies ruft ein wildes Herumspringen der ganzen Herde hervor.

54 Löwen und Flusspferd, Masai Mara, Kenia

Von einem Löwenangriff blutend und schmerzerfüllt hebt ein Flusspferd den Kopf um zu entkommen. Als hervorragende Beute kann es, wenn es nicht auf der Hut ist, leicht von einem Löwenrudel gerissen werden.

55 Gepard, Namibia

Der geschmeidige Körper und die langen Beine eines Geparden ermöglichen fließende Bewegungsabläufe. Stromlinienförmig und mit einer sehr biegsamen Wirbelsäule ist dieser Athlet unter den Katzen schneller als alle anderen Tiere.

56 Weißhai, Südafrika

Von der Energie eines Angriffs in die Luft katapultiert schnappt ein Weißhai nach seiner Beute. Weißhaie sind zwar als »Menschenfresser« berüchtigt, doch sind ihnen Robben die bei weitem liebere Beute.

57 Flusspferd, Okavangodelta, Botswana

Mit weit aufgerissenem, aus dem Wasser ragenden Maul droht ein Flusspferd allen möglichen Feinden. Ein lautes und aggressives Auftreten reicht oft aus, um weniger dominante Männchen abzuschrecken.

ANTARKTIS

58 Antarktis

Die Luftansicht auf eine weiße, gefrorene Meereslandschaft zeigt einen kleinen Eisbrecher, der sich mühevoll einen Weg durch das Eis bahnt. In der Antarktis bildet sich doppelt so viel Packeis wie in der Arktis. Es erreicht eine maximale Ausdehnung von etwa 20 Millionen Quadratkilometern.

59 Weißflügel-Sturmvögel

In der weißen Turbulenz eines Schneesturms dreht eine Schar Sturmvögel sanft ihre Kreise über den unruhigen, eisigen antarktischen Gewässern, unbeeindruckt vom schonungslosen Schnee und den rauen Winden.

60 Adelie-Pinguine, Cape Adare, Antarktis

Pinguine spazieren über eine riesige, von natürlichen Eisskulpturen umgebene Eisscholle. Adelie-Pinguine sind in der Antarktis weit verbreitet. Sie leisten zahlreichen Unbilden des Winterwetters Widerstand, unter anderem Schneestürmen bei unter Null Grad.

61 Zügelpinguine, Antarktis

In gefährlicher Ruhe blicken Zügelpinguine in die eisige Meereslandschaft hinaus. Im fernen Sonnenuntergang erhebt sich schemenhaft ein gewaltiger Eisberg. Nach ihren Fischfang-Ausflügen im offenen Meer kehren diese Pinguine zur Kolonie zurück.

62 Adelie-Pinguine, Cape Adare, Antarktis

Von einer flachen Eisscholle aus blicken Adelie-Pinguine auf die ruhige See. Sie gehören alle derselben Kolonie an und ruhen sich von den Anstrengungen des Fischfangs in der Tiefsee aus, bevor sie wieder ans Festland zurückkehren und ihre hungrigen Küken füttern.

63 Königspinguine, St. Andrew's Bay, Südgeorgien

Schaumiges Meerwasser schwappt bis zu den Füßen einer Kolonie von Königspinguinen. Diese beeindruckende Brutgemeinschaft erstreckt sich so weit das Auge reicht.

64 Kaiserpinguin, Cape Washington, Antarktis

Vom Wasser aus hechtet ein Kaiserpinguin auf das Eis. Die Dicke des Schelfeises macht diese häufig anzutreffende Anlandungstechnik nötig.

65 Kaiserpinguine, Cape Washington, Antarktis

Zwei ausgewachsene Pinguine mit Küken bilden in der eisigen Landschaft eine isolierte Gruppe. Diese flauschigen, rasch wachsenden Jungtiere werden bald das Gefieder eines Altvogels haben.

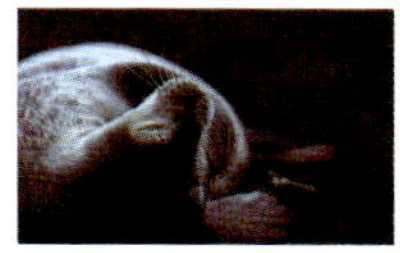

66 Antarktischer Seebär

Im fahlen Licht liegt ein Seebär friedlich auf dem Rücken und schläft ganz ungestört. Diese schönen Tiere wurden einst wegen der dicken, wolligen Pelze massenhaft abgeschlachtet.

67 Seeelefanten, Antarktis

Seeelefanten sind äußerst kräftige Schwimmer, an Land jedoch sind sie wegen ihres gewaltigen Umfangs plump und unbeholfen. Die normalerweise allein im Meer lebenden Tiere versammeln sich zur Fortpflanzung in großen Brutkolonien an der Küste. Auch außerhalb der Fortpflanzungszeit liegen sie gerne in kleineren Gruppen zusammen.

68 Seeleopard, Coulmaninsel, Antarktis

Ein Seeleopard ruht sich im Mitternachtslicht der Antarktis aus, wo die Sommersonne monatelang nicht untergeht. Es ist die einzige Robbenart, die sich regelmäßig von Warmblütern wie Pinguinen und anderen Robben ernährt.

69 Seeelefanten, Hannah Point, Antarktis

Die rüsselartige Nase vor Aufregung aufgeblasen, fordert ein Seeelefantenbulle einen anderen heraus. Diese größten aller Robben bewachen ein Territorium am Strand, in dem sich ein Harem von trächtigen Weibchen befindet, und werden andere Bullen aggressiv bekämpfen.

70 Drygalski-Eiszunge, Rossmeer, Antarktis
Eine Luftansicht von hellblauem, untergetauchtem Eis. Die mit dem David-Gletscher verbundene Drygalski-Eiszunge ragt in das Rossmeer hinein. Die Zunge ist eindrucksvolle 80 km lang.

71 Kaiserpinguin, Cape Washington, Antarktis
Vor einem antarktischen Sommerhimmel hält ein einsamer Kaiserpinguin Ausschau. Der Kaiserpinguin ist der größte aller Pinguine und erreicht im Stehen eine Höhe von mehr als einem Meter. Nicht selten werden diese Vögel um die 20 Jahre alt.

72 Seeelefant, Hannah Point, Antarktis
Fast liebevoll liegt eine Gruppe von Seeelefanten nebeneinander. Sie kommen an die Strände, um dort ihre Jungen zu gebären und aufzuziehen.

73 Zügelpinguine, Antarktis
Vor Nachtanbruch drängeln sich Zügelpinguine auf einem langsam wandernden Eisberg in der ruhigen See. Die blauen Klippen der sich hinter ihnen aufbäumenden Eisberge lassen die kleinen Pinguine richtig zwergenhaft erscheinen.

74 Eselspinguine, Südgeorgien
Eselspinguine gleiten elegant und stromlinienförmig durch das blaue Wasser ins offene Meer. Im Gegensatz zu vielen anderen Pinguinarten gehen Eselspinguine langanhaltende Partnerschaften ein.

75 Adelie-Pinguine, Südpolarmeer
Adelie-Pinguine bewegen sich mit hoher Geschwindigkeit über die Wasseroberfläche fort. Pinguine sind die einzigen Vögel, die beim Schwimmen wie Delfine in wellenförmigen Bewegungen aus dem Wasser emportauchen können.

76 Adelie-Pinguine, Antarktis
Drei Adelie-Pinguine machen die Flossen breit, um bei jedem rutschigen Schritt auf einer schwimmenden Eisscholle das Gleichgewicht zu halten, während sie dem Wasserrand zuhüpfen. Adelie-Pinguine verlassen das Schelfeis regelmäßig zum Fischen im tiefen Ozean.

77 Snares-Dickschnabelpinguin, nahe der Snaresinseln
Vom Bug eines Eisbrechers aus gesehen springt ein Snares-Dickschnabelpinguin hoch aus dem Wasser. Diese Art nistet nur auf den kleinen Snaresinseln, den einzigen zu Neuseeland gehörenden subantarktischen Inseln, die von eingeführten Landsäugetieren noch völlig frei sind.

78 B-15 und Adelie-Pinguine, Antarktis
Vier Adelie-Pinguine auf einer Eisscholle. Am Horizont erhebt sich der B-15, der größte Eisberg der Welt. Dieser riesige Eisberg mit seiner abgeflachten Spitze brach im März 2000 von der Westküste des Ross-Schelfeises ab. Ursprünglich war er etwa 300 km lang und 40 km breit.

79 Adelie-Pinguine, Antarktis
Auf einem blauen Eisberg ruhen sich Adelie-Pinguine vom Fischen im rauen antarktischen Gewässer aus. Diese Pinguine leben an der Küste des antarktischen Kontinents und auf den umliegenden, kahlen Inseln.

80 Kaiserpinguin, Coulmaninsel
Ein einsamer Kaiserpinguin steht unter einem aufgewühlten Himmel bei einer natürlichen Eisskulptur und blickt hinaus in die gefrorene, kahle Landschaft. Kaiserpinguine sind außerordentlich robust und können den rauesten Winter überleben.

81 Königspinguine, Macquarieinsel
Eine dicht gedrängte Kolonie von Königspinguinen mit einer halben Million Tieren breitet sich von der Küste bis hoch ins Gebirge aus. Es ist ein gutes Zeichen, dass solch große Kolonien noch heute anzutreffen sind.

82 Königspinguine, St. Andrews Bay, Südgeorgien
Eine riesige Kolonie von Königspinguinen zieht die Jungen am Rand der kalten, subantarktischen Gewässer auf. Königspinguine legen ihre Eier zwischen November und April, daher sind in der Kolonie jederzeit Junge unterschiedlichsten Alters anzutreffen.

83 Wanderalbatros, Südpolarmeer
Ein Wanderalbatros gleitet anmutig über das windgepeitschte Südpolarmeer. Diese großen Vögel nutzen die Thermik aus und können lange Zeit in der Luft bleiben, weit weg vom Land, auf dem sie nisten.

84 Wanderalbatrosse, Südgeorgien
Mit ausgebreiteten Flügeln und emporgerecktem Kopf wirbt ein Wanderalbatros um einen Partner. Mit der größten Flügelspanne aller Seevögel gleiten sie tagelang auf Luftströmungen über das offene Meer und folgen oft Schiffen nach.

85 Schwarzbrauen-Albatrosse, Steeple Jason, Falklandinseln
Zwei stolze Schwarzbrauen-Albatroseltern mit ihrem Küken. Sowohl Mutter als auch Vater füttern und umsorgen das Junge, bis es groß genug ist, um für sich selbst zu sorgen. Die ausgewachsenen Tiere haben einen unverkennbar gelben Schnabel mit einem rosafarbenen Haken.

86 Kaiserpinguin, Coulmaninsel, Antarktis
Mit nach unten geneigtem Kopf bereitet sich ein ausgewachsener Kaiserpinguin auf das Schlittern vor. Diese Pinguine treiben sich mit den Füßen an und beschleunigen so ihr Fortkommen an Land.

87 Kaiserpinguine, Coulmaninsel, Antarktis
Ein Kaiserpinguinpaar steht wachsam bei seinem Küken. Es ist zwar der Vater, der das Ei unter den widrigen Bedingungen des Winters bebrütet, doch später füttern beide Elternteile ihr einziges Junges.

88 Kaiserpinguine, Coulmaninsel, Antarktis
Eine Familiengruppe von Kaiserpinguinen ist wieder vereint, da Männchen und Weibchen ihre Bindung aufrechterhalten. Das Küken wird oft allein gelassen, während beide Elternteile sich auf Nahrungssuche begeben.

89 Kaiserpinguine und Adelie-Pinguine, Coulmaninsel
Eine Reihe von Kaiserpinguinen in Begleitung von mehreren Adelie-Pinguinen zieht durch die gefrorene Landschaft. Diese sind die einzigen zwei Pinguinarten, die südlich der Antarktischen Konvergenz leben.

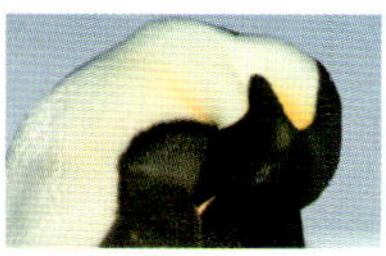

90 Kaiserpinguin, Cape Washington, Antarktis
Ein schlafender, ausgewachsener Kaiserpinguin mit geneigtem Kopf und den Schnabel unter den flossenartigen Flügel gesteckt. Diese Pinguine mit ihrer zarten Färbung sind gegenüber den rauen Bedingungen im Winter außerordentlich widerstandsfähig.

91 Königspinguin, Südgeorgien
Ein unbeholfener, fast erwachsener Pinguin kämpft im flachen Wasser um das Gleichgewicht. Im Alter von etwa neun Monaten sind die Jungen so weit, dass sie mit den Altvögeln ins Meer gehen und sich ihre Nahrung selbst suchen.

92 Königspinguin, Antarktis
Bei leichtem Schneefall beugt sich ein farbenfroher Königspinguin in einer Brutkolonie nach vorne, um nachzusehen, ob das Ei auch sicher auf seinen Füßen ruht. Beim Brüten ist es wichtig, dass das Ei vom Eis fern gehalten wird.

93 Kaiserpinguine, Cape Washington, Antarktis
Luftbild von einer Kaiserpinguingruppe, die an einem klaren, sonnigen Tag bei der Rückkehr zu ihrer Kolonie schlitternd das Eis überqueren.

94 Zügelpinguin, Antarktis
Ein gerade dem Meerwasser entstiegener Pinguin rennt platschend durch die Kieselsteine am Strand. Die Zügel- oder Kehlstreifenpinguine sind zwar nicht die größten Pinguine, dennoch treten sie Eindringlingen verwegen, energisch und aggressiv gegenüber.

95 Zügelpinguine, Antarktis
Ein einziger Pinguin steht inmitten des Gewusels regungslos da. Zügelpinguine können in sehr großen Gemeinschaften brüten und eine dicht gedrängte Kolonie wie diese ist ein ermutigendes Zeichen.

96 Zügelpinguin, Antarktis
In leichtem Schneefall breitet ein Zügelpinguin seine Flossen weit aus. Hinter diesem ausgewachsenen Tier sind Küken mit ihrem dicken, flaumigen Gefieder versammelt.

97 Adelie-Pinguine, Cape Adare, Antarktis
Vor einer atemberaubenden Landschaft mit schneebedeckten Vulkanen im Hintergrund wirken Adelie-Pinguine auf einer im ruhigen Meer schwimmenden Eisscholle wie winzige Nadelstiche.

98 Kaiserpinguine, Coulmaninsel
Während Altvögel auf dem Bauch dahinschlittern, warten die jungen Kaiserpinguine der Coulmaninsel geduldig im Schnee auf die Rückkehr ihrer Eltern.

99 Buckelwal, Antarktis
Vor der Kulisse schneebedeckter Berge schlägt ein Buckelwal mit der Schwanzflosse auf die Wasseroberfläche, um mit anderen Walen zu kommunizieren. Jeden Sommer wandern Buckelwale ins Polarmeer, wo sie sich von Plankton ernähren.

100 Adelie-Pinguine, Cape Adare, Antarktis
Die durch die Wolken fallenden Sonnenstrahlen bilden einen atemberaubenden Hintergrund. In der gewaltigen Meereslandschaft springen Adelie-Pinguine zwischen dem Treibeis hoch aus dem Wasser.

101 Zügelpinguin, Antarktis
Ein Zügelpinguin-Küken, dessen Gefieder aufgrund der Beengtheit in der Kolonie verschmutzt ist, erhält Futter von einem Elterntier. Nach der Nahrungssuche im offenen Meer kehren die Altvögel an die Küste zurück, wo sie einen Teil ihres Fangs für die Jungen wieder hervorwürgen.

102 Zügelpinguine, Antarktis
Zwei verschmutzte Zügelpinguin-Küken, die bäuchlings über schlammigen Boden gerutscht sind, werden von einem ausgewachsenen Pinguin beaufsichtigt. Wenn die Küken ihre Eltern um Nahrung anbetteln, verschmutzen sie auch deren weißes Brustgefieder.

103 Adelie-Pinguine, Antarktis
Im tückischen Gewässer ruhen sich Adelie-Pinguine auf der geraden Oberfläche eines Eisbergs aus. Wie alle Pinguine sind sie kräftige Schwimmer und legen für die Nahrungssuche oft über mehrere Tage hinweg große Strecken zurück.

104 Adelie-Pinguine, Antarktis
In großer Zahl am Rand eines Schelfeises versammelt brechen Adelie-Pinguine mit einem grazilen Tauchsprung ins eisige Wasser zum Fischen auf. Sie fischen in Gruppen und springen dann in hohem Bogen aus dem Wasser aufs Eis, wenn sie zu ihrer Kolonie zurückkehren.

105 Adelie-Pinguin, Paulet-Insel, Antarktis
In rascher Bewegung springt ein verwegener Pinguin vom Meer auf das Eis. Adelie-Pinguine erkennt man an einem weißen Ring um den Augen und einem kurzen, teilweise von Federn besetzten Schnabel.

106 Adelie-Pinguine, Cape Adare, Antarktis
Eine Gruppe von Pinguinen stürzt sich vom Meer auf ein Schelfeis. Dies gelingt ihnen, indem sie die Geschwindigkeit, die sie beim Schwimmen unter Wasser aufbauen, in einen Aufwärtsschub umsetzen.

107 Kaiserpinguine, Cape Washington, Antarktis
Im eisigen Sonnenschein ist ein Kaiserpinguin-Küken durch sein dichtes Daunengefieder gut vor Kälte geschützt.

108 Adelie-Pinguin, Antarktis
Allein im peitschenden Sturm auf einem Eisberg wartet ein Adelie-Pinguin darauf, dass der Wind nachlässt. Wenn sie im tiefen Wasser nach Fischen jagen, nutzen sie das schwimmende Eis auf dem unruhigen Wasser zum Ausruhen.

109 Kaiserpinguine und Adelie-Pinguin, Antarktis
Auf dem Weg zum Meer reihen sich die Kaiserpinguine auf, als würden sie vor einer Rodelbahn Schlange stehen, und ein einzelner Adelie-Pinguin sieht ihnen dabei zu. Hinter ihnen erheben sich Eisformationen.

EURASIEN

110 Orang-Utan, Tanjung Puting Nationalpark, Borneo
Brusttief im Wasser stehend schöpft sich ein noch nicht ausgewachsener Orang-Utan Wasser in den Mund. Für einen Affen ist dieses junge Männchen zwar schon recht groß, doch fehlen ihm noch der Bart, ausgeprägte Backenwülste und ein voll entwickelter Luftsack in der Kehle, die ein ausgewachsenes Männchen kennzeichnen.

111 Orang-Utans, Tanjung Puting Nationalpark, Borneo
Sicher gehalten spielt ein Orang-Utan-Baby in den Armen der Mutter. Diese enge Bindung dient dazu, das Kind zu schützen und zu behüten, während ihm die Mutter gleichzeitig Selbstsicherheit beibringt.

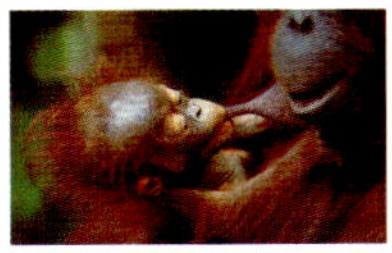

112 Orang Utans, Tanjung Puting Nationalpark, Borneo
Ein eifrig säugendes Orang-Utan-Baby in den schützenden Armen der Mutter. Es ist völlig von ihr abhängig und wird erst im Lauf einiger Jahre die zum Überleben wichtigen Fähigkeiten erlernen.

113 Nasenaffen, Borneo
Eine Nasenaffenmutter mit dem eng an sie angeschmiegten Jungen springt furchtlos durch die Bäume des Mangrovensumpfes, dem wichtigsten Lebensraum dieser bedrohten Tierart. Nasenaffen verdanken ihren Namen der sehr großen Knollennase des Männchens.

114 Sibirischer Tiger, Nordchina
Ein Sibirischer Tiger, die größte aller Katzen, pirscht durch eine winterliche Landschaft. Das allen Tigern gemeinsame Streifenmuster dient als wirkungsvolle Tarnung, indem es im dichten Unterholz des Waldes den Umriss des Körpers aufhebt.

115 Sibirischer Tiger, Nordchina
Ein sprintender Tiger bietet ein Bild unangreifbarer Kraft und Stärke. In Wirklichkeit wurden diese großartigen Tiere jedoch fast bis zum Aussterben gejagt, so dass ihr weiteres Überleben nun an einem dünnen Faden hängt.

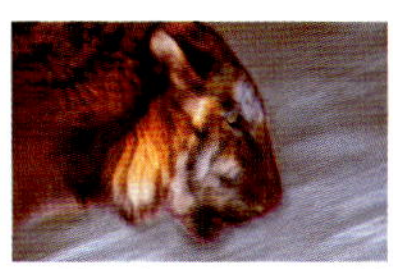

116 Sibirischer Tiger, Nordchina
Gesprenkeltes Sonnenlicht wirft auf den sich bewegenden Sibirischen Tiger zusätzliche Muster. Die meist nachts jagenden Tiger können dank speziell angepasster Augen, die einfallendes Licht zur Netzhaut reflektieren und verstärken, besonders gut im Dunkeln sehen.

117 Sibirische Tiger, Nordchina
Wenn zwei Sibirische Tigermännchen aufeinander treffen, fordern sie sich gegenseitig heraus. Tigermännchen sind Einzelgänger mit eigenem Territorium, dessen Grenzen sie unablässig markieren. Wenn andere Männchen eindringen, werden sie sofort angegriffen.

118 Große Pandas, Provinz Sichuan, China
Bei leichtem Schneefall spielen zwei junge Pandas vor den wachsamen Augen ihrer Mutter. Für die vom Aussterben bedrohten Tiere, die normalerweise nur ein Junges gebären, ist die Geburt von Zwillingen ein hoffnungsvolles Zeichen.

119 Großer Panda, Provinz Sichuan, China
Ein einsamer Großer Panda sitzt zwischen Felsen am Flussufer und nagt zufrieden seine Bambussprossen. Der heute nur noch sehr selten in freier Wildbahn anzutreffende Große Panda wurde zu einem weltweiten Symbol für bedrohte Tiere.

120 Großer Panda, Provinz Sichuan, China
Ein verspieltes und neugieriges Pandakind lugt über einen schneebedeckten Erdhaufen. Die nach der Geburt zunächst weißen und hilflosen Pandajungen erhalten ziemlich schnell die charakteristische Fellfärbung ihrer Eltern.

121 Großer Panda, Provinz Sichuan, China
Mit einer raschen Kopfdrehung schüttelt sich ein junger Panda den Schnee vom Kopf. Ein Pandakind wird mit etwa zwölf Monaten entwöhnt, bleibt aber bis zu zwei Jahre bei der Mutter, bis diese wieder trächtig ist.

122 Großer Panda, Provinz Sichuan, China
Vor der Kulisse verschneiter Berggipfel balanciert ein Großer Panda vorsichtig in den Ästen eines abgestorbenen Baumes. Pandas sind zwar langsam und schwerfällig, können aber dennoch sehr gut klettern.

123 Koalas, Kangaroo Island, Australien
Von Natur aus neugierig und langsam, zeigen eine Koalamutter und ihr Junges höchstes Interesse für die Kamera. Mit sechs Monaten ist dieses flauschige, silber-graue Junge alt genug, den Beutel der Mutter zu verlassen und auf ihrem Rücken zu reiten.

124 Graue Riesenkängurus, Kangaroo Island, Australien
Zwei junge Kängurumännchen umfassen und bekämpfen sich auf spielerische Weise. Wenn sie ausgewachsen sind, werden solche Kämpfe heftiger und bestimmter, da es dann um die Familienvorherrschaft geht.

125 Hanumanlanguren, Bandhavgarh, Indien
Unter einem goldenen Himmel springen zwei Hanumanlanguren durch die Bäume. Diese nach der Hindu-Gottheit Hanuman benannten Affen gelten in Indien als heilig.

126 Camargue-Pferde, Frankreich
Eine Herde weißer Pferde galoppiert mit hoher Geschwindigkeit durch die sumpfigen Gewässer der Camargue. Diese robusten Tiere haben sich vermutlich aus der Kreuzung des prähistorischen Solutré-Pferds mit Araberpferden entwickelt.

127 Camargue-Pferde, Frankreich
Eine Herde von Camargue-Pferden galoppiert durch das sumpfige Land. Die Gruppen bestehen meist aus Stuten, die von einem Hengst angeführt werden. Ihr Lebensraum ist das Gebiet des Rhône-Deltas im Südosten Frankreichs.

128 Camargue-Pferde, Frankreich
Eine Herde von Camargue-Pferden wälzt sich durch die Sümpfe der Sonne entgegen. Diese Nachfahren des prähistorischen Solutré-Pferds sind zwar klein wie Ponys, doch machen sie dies durch ihre Energie und Geschwindigkeit wieder wett.

129 Eukalyptusbaum, Warrawong Earth Sanctuary, Australien
Das Sonnenlicht lässt in dem dreißig Jahre alten, wieder aufgeforsteten Regenwald die Wassertropfen glitzern. Die aromatischen Blätter des Eukalyptusbaums bieten den Koalas Nahrung und dem Menschen ätherische Öle, die Rinde sondert einen süßlich riechenden Gummi ab, wenn man sie vom silbrig schimmernden Baumstamm ablöst.

130 Augenbrauenente, Warrawong Earth Sanctuary, Australien
Mit schwirrenden, sonnenbeschienenen Flügeln erhebt sich eine Augenbrauenente, um das Wasser von den Federn zu schütteln. Diese häufig vorkommende Ente mit ihrem deutlich gestreiften Gesicht ernährt sich von Pflanzen an der Wasseroberfläche, wobei sie nur Kopf, Hals und Oberkörper ins Wasser taucht.

131 Bengalischer Tiger, Bandhavgarh, Indien
Die hellen Augen des vom Schlaf hochgeschreckten Bengalischen Tigers starren den Eindringling an. Die einst im ganzen Dschungel des Indischen Subkontinents weit verbreiteten Tiger sind infolge der Jagd und der Zerstörung ihres Lebensraums nur noch in kleiner Zahl anzutreffen.

132 Indische Elefanten, Bandhavgarh, Indien
Im Schutz der gewaltigen Körpermasse des Muttertiers bläst ein Elefantenbaby mit seinem kleinen Rüssel Staub in die Luft. Als bedeutendes Symbol, das die menschliche Vorstellungskraft beflügelt, ist der Elefant ein wichtiger Bestandteil indischer Kultur und Tradition.

133 Indische Elefanten, Kanha, Indien
Beim Bad im Fluss klettert ein junger Elefant auf seine Mutter. Seit 4000 Jahren wird der Indische Elefant vom Menschen gefangen und zur Arbeit herangezogen, aber dennoch lebt in Indien noch eine große Zahl von ihnen in freier Wildbahn.

134 Indischer Elefant, Bandhavgarh, Indien
Mit weit geöffnetem Maul zeigt ein ausgewachsener Elefantenbulle seine Stoßzähne – große, stark verlängerte Zähne beiderseits des Oberkiefers. Elefanten wurden wegen des Elfenbeins gejagt, seit der Mensch die ersten Schnitzwerkzeuge entwickelt hat. Noch heute sind sie ein Ziel von Elfenbeinräubern.

135 Panzernashorn, Kaziranga-Nationalpark, Indien
Schwer und bedrohlich greift ein Nashorn an, um sein Territorium gegen Eindringlinge zu verteidigen. Sein Körper ist von großen, hornartigen und von Knoten überzogenen Platten besetzt. Die großen Hautfalten an den Gelenken und am Hals erwecken den Eindruck, als wäre das Nashorn gepanzert.

136 Panzernashorn, Kaziranga-Nationalpark, Indien
In rascher Bewegung und fast schon zu nahe, um einen Zusammenstoß zu verhindern, donnert ein Nashorn auf die Kamera zu. Das aufbrausende und leicht zu verärgernde Nashorn ist durch schlechtes Sehen benachteiligt.

137 Schneeaffe, Jigokudani-Nationalpark, Japan
Nachdenklich und zufrieden das Kinn auf einen Stein gestützt genießt ein Schneeaffe das warme Wasser einer Thermalquelle. Diese von allen Affen am weitesten im Norden lebende Art kann extrem kalte, schneereiche Winter überdauern.

138 Schneeaffe, Jigokudani-Nationalpark, Japan
Mit tropfendem Fell springt ein Schneeaffe mit Elan aus einem Wasserbecken. Dank der doppelschichtigen Fellstruktur kann er sehr schnell trocknen und gibt daher nicht allzu viel wertvolle Körperwärme an die eisige Luft ab.

139 Schneeaffe, Jigokudani-Nationalpark, Japan
Ein Schneeaffe schüttelt mit wirbelnden Bewegungen überschüssiges Wasser ab. Diese Makaken sind neben dem Menschen die einzigen Tiere, die im Wasser von Thermalquellen baden.

140 Schneeaffen, Jigokudani-Nationalpark, Japan
Einen Konflikt vorausahnend zuckt ein Schneeaffe zurück, während ein anderes Mitglied des Trupps auf ihn zuspringt. Das Temperament kann den Affen in solch dicht gedrängten Bädern leicht durchgehen.

141 Schneeaffe, Jigokudani-Nationalpark, Japan
Den Kopf in die Hand gestützt und scheinbar tief in Gedanken versunken ruht ein Schneeaffe am Rand eines Warmwasserbeckens. Schneeaffen haben normalerweise ein rotes Gesicht, dessen Farbintensität während der winterlichen Paarungszeit zunimmt.

142 Schneeaffen, Jigokudani-Nationalpark, Japan
Eine Familie von Schneeaffen, auch Rotgesichts-Makaken oder Japanmakaken genannt, drängt sich an einem Wintertag zusammen. Schneeaffen sind freundliche Geschöpfe, die in Gruppen leben. Die Aufzucht der Jungen teilen sich Männchen und Weibchen gleichermaßen.

143 Schneeaffe, Jigokudani-Nationalpark, Japan
In einem Tropfenschauer springt ein Makak aus dem Wasser und schüttelt sich trocken. Obwohl das Wasser bis zu 80° C erreichen kann und die Lufttemperatur bei bis zu –15° C liegt, können die Makaken ohne Schaden zu nehmen zwischen der frierenden Luft und dem kochend heißen Wasser hin- und herspringen.

144 Schneeaffe, Jigokudani-Nationalpark, Japan
Ein ausgewachsenes Makakenweibchen klettert schwerfällig aus dem heißen Bad. Die Gesellschaftsform der Schneeaffen ist matrilinear, denn während die Männchen von einer Gruppe zur nächsten wechseln, bleiben die Weibchen ihr ganzes Leben lang einem Trupp treu.

145 Schneeaffe, Jigokudani-Nationalpark, Japan
Ein in Dampf gehüllter, alleine sitzender Schneeaffe betrachtet ganz intensiv seine Hand. Diese intelligenten Primaten können ungewöhnliche Fähigkeiten erlernen, zum Beispiel ihre Nahrung zu waschen, nach Schalentieren zu tauchen oder in Thermalquellen zu baden. Infolgedessen kann innerhalb eines Trupps ein allgemeiner sozialer Fortschritt eintreten.

146 Japanische Kraniche, Hokkaido, Japan
Vor einem pastellfarbenen Sonnenuntergang erscheint die Silhouette einer im Formationsflug vorbeifliegenden Kranichgruppe. Der Bestand dieser früher in Japan weit verbreiteten Vögel ist in den 1920er Jahren auf nur zehn Exemplare in den Kushiro-Sümpfen zurückgegangen. Eine konzertierte Rettungsaktion hat dazu geführt, dass es heute wieder mehr als 600 Exemplare dieser Gattung gibt.

147 Japanische Kraniche, Hokkaido, Japan
Wie Schatten im goldenen Dunst der Morgendämmerung beginnen Kraniche einen Balztanz, bei dem sie sich verneigen, die Köpfe hin und her bewegen, hoch in die Luft springen und eine Reihe anderer, choreografischer Tanzelemente anbringen.

148 Japanische Kraniche, Hokkaido, Japan
Mit dampfendem Atem führen zwei seltene Japanische Kraniche einen kunstvollen Balztanz auf. Die Partner stoßen während des eleganten, stilisierten Tanzes, der ihre lebenslange Bindung aufbaut oder weiter stärkt, laute, trompetenartige Rufe aus.

149 Japanische Kraniche, Hokkaido, Japan
Völlig in den beeindruckenden Balztanz vertieft, nimmt das Kranichpaar den fallenden Schnee gar nicht mehr wahr. Die Japanischen Kraniche gehören mit ihrer Körperhöhe von 1,50 Meter und der Flügelspannweite von etwa 2,50 Meter zu den größten flugfähigen Vögeln der Welt.

150 Japanische Kraniche, Hokkaido, Japan
Auf frostbedeckte Bäume entlang der Sümpfe fällt das fahle Licht der frühen Morgensonne. Im flachen Wasser versammeln sich Kraniche, um sich von Fischen, Amphibien und Pflanzen zu ernähren, die sie mit ihren speerförmigen Schnäbeln aufnehmen.

151 Japanische Kraniche, Hokkaido, Japan
Japanische Kraniche fliegen auch im dichten Schneefall. Die auch als Mandschuren-Kraniche oder Rotkronen-Kraniche bekannten Vögel sind heute vom Aussterben bedroht und wurden bereits 1952 in Japan zu einem besonderen Naturgut erhoben.

152 Japanischer Kranich, Hokkaido, Japan
Ein fliegender Kranich bei leichtem Schneefall. Die Kraniche mit dem roten Fleck auf dem Kopf sind selbst unter den schlechtesten Bedingungen exzellente Flieger. Sie pflegen ihr Gefieder mit einem besonderen Öl, das aus einer Drüse am Schwanzansatz stammt.

NORD- UND SÜDAMERIKA

153 Hellrote Aras, Peru
Die fürs ganze Leben verbundenen Aras schmiegen sich zärtlich aneinander. Heute gehören die wegen ihres großartigen Gefieders und ihrer Possen sehr begehrten Vögel zu den gefährdeten Tierarten – zumindest in freier Wildbahn.

154 Aras und Grüne Papageien, Peru
Hellrote Aras, Araraunas und Grüne Papageien versammeln sich am Tambopata-Fluss, um Lehm zu fressen, und überziehen den sonst bleichen, lehmigen Abhang mit allen Farben des Regenbogens. Die medizinischen Eigenschaften des Lehms helfen, die starken Säuren in der Fruchtnahrung dieser Vögel zu neutralisieren.

155 Hellrote Aras, Peru
Drei Hellrote Aras gleiten über den Amazonas-Regenwald. Die leuchtende Färbung dieser Vögel hilft ihnen, sich im dichten Laub des Regenwaldes wieder zu finden.

156 Hellrote Aras, Peru
Mit einem verwirrenden Farbspiel flitzen zwei Hellrote Aras vorüber. Die lebhafte Färbung dieser Papageien setzt sich vom Dach des Regenwalds ab und bietet ein unvergessliches Schauspiel.

157 Riesentukan
Der in den südamerikanischen Regenwäldern heimische Riesentukan ist durch einen außerordentlich großen, bunten Schnabel gekennzeichnet. Der Schnabel, der größer ist als der Körper, dient zum Abreißen von Früchten und kann auch in Zweikämpfen als Waffe eingesetzt werden.

158 Araraunas und Grüne Papageien, Peru
Die leuchtenden Farben eines Schwarms von Araraunas und Grünen Papageien. Die Grünen Papageien sind eine kleinere Papageienart als die Aras, robuster und weit zahlreicher.

159 Nordlicht, Manitoba, Kanada
Das durchsichtige Leuchten des Polarlichts schimmert leicht smaragdgrün über dem Schnee und den Nadelbäumen des Waldes. Diese leuchtenden Bögen und Bänder werden von Sonnenteilchen hervorgerufen, die mit Gaspartikeln in der Ionosphäre reagieren. Dieser Effekt ist am auffälligsten über den Polen zu sehen, wo die Kraft des Erdmagnetfeldes am stärksten ist.

160 Braunbären, Katmai-Nationalpark, Alaska
Inmitten einer grandiosen Landschaftskulisse ringen zwei männliche Braunbären um die Vormachtstellung. Der früher in Europa, Asien und Nordamerika weit verbreitete Braunbär stellt auch heute noch die weltweit am häufigsten vorkommende Bärenart dar.

161 Braunbären, Katmai-Nationalpark, Alaska
Ein Bärenweibchen stapft in hohem Tempo mit ihren beiden Jungen durch sumpfiges Grasland. Grizzly-Bärenweibchen gebären meist zwei oder drei Junge. Die Mutter ist besonders auf den Schutz der Jungen bedacht und verteidigt sie gegen alle Feinde.

162 Braunbär, Katmai-Nationalpark, Alaska
Wild um sich spritzend treibt ein Braunbär einen Möwenschwarm auseinander. Die Fellfarbe eines Braunbären kann von hellrot über braun bis hin zu schwarz reichen.

163 Braunbären, Katmai-Nationalpark, Alaska
Zwei junge Braunbären rangeln unter strahlender Sonne im flachen Wasser eines Flusses. Diese jungen, gerade erst einige Monate alten Geschwister haben keine Berührungsängste mit dem Wasser und können schon gut schwimmen.

164 Braunbär, Katmai-Nationalpark, Alaska
Ein Braunbär, auch Grizzly-Bär genannt, verfolgt einen schwer fassbaren Lachs durchs flache Wasser. Über kurze Strecken kann dieses kräftige Tier die Geschwindigkeit eines Pferdes erreichen.

165 Braunbär, Katmai-Nationalpark, Alaska
Im Wasser plantschend hält ein Braunbär Ausschau nach Fischen. Grizzly-Bären sind zwar Allesfresser und nehmen unterschiedliche Wurzeln, Beeren, Insekten und kleine Tiere zu sich, doch liegt ihnen am meisten am allsommerlichen »Salmon-Run«, wenn die Lachse zum Laichen in ihre Gewässer zurückkehren.

166 Braunbär, Katmai-Nationalpark, Alaska
Regungslos warten zwei Braunbären im rauschenden Wasser auf springende Lachse. Die besten Standorte zum Fischen werden von den dominantesten Bären eingenommen.

167 Blaurückenlachs, Katmai-Nationalpark, Alaska
Ein gegen eine Wasserlawine anspringender Blaurückenlachs kämpft sich flussaufwärts den weit entfernten Laichgründen entgegen. Jedes Jahr brechen Millionen von Lachsen aus dem Meer zu dieser gefährlichen Reise auf.

168 Braunbären, Katmai-Nationalpark, Alaska
Die normalerweise einzeln lebenden Braunbären versammeln sich um einen Wasserfall, um die zum Laichen flussaufwärts schwimmenden Lachse zu fangen. Diese jährliche Wanderung ist Grund für den größten Bärenauflauf der Welt.

169 Braunbär, Katmai-Nationalpark, Alaska
Ein Lachs windet sich heftig, um der Pranke des Räubers zu entkommen. Bären können die Lachse entweder direkt mit den Krallen fangen, oder sie schleudern sie aus dem Wasser ans Ufer.

170 Braunbär, Katmai-Nationalpark, Alaska
Im Bruchteil einer Sekunde stürzt sich ein Braunbär auf einen Lachs im Wasserfall. Diese alljährliche, proteinreiche Fischfülle bietet eine willkommene Ergänzung der normalen Nahrung.

171 Braunbär, Katmai-Nationalpark, Alaska
Im Kampf mit einem nassen, glitschigen Fisch, bemüht sich ein Braunbär, seine Nahrung festzuhalten. Trotz seiner Größe und Plumpheit ist der Grizzly-Bär ein guter Fischer.

172 Buckelwal, Alaska
Mit aus dem Wasser ragender Schwanzflosse spritzt ein Buckelwal eine Wasserfontäne in die Luft. Die Wale kommunizieren mittels geheimnisvoller Gesänge, die sich aus komplexen musikalischen Motiven zusammensetzen.

173 Buckelwale, Alaska
Bei raschen Aufwärtsbewegungen gehen mehrere Buckelwale mit so genannten Luftblasennetzen auf Fischfang. Sie umhüllen zunächst einen Fischschwarm mit Luftblasen und stoßen dann mit weit geöffnetem Maul nach oben.

174 Buckelwal, Alaska
Vor dem Hintergrund bewaldeter Berghänge zeigt sich in der Bucht ein Buckelwal an der Wasseroberfläche. Die für ihre Paarungsrituale bekannten Buckelwale können trotz ihrer gewaltigen Größe den Körper ganz aus dem Wasser katapultieren.

175 Buckelwal, Alaska
Mit der gewaltigen Schwanzflosse über Wasser setzt ein Buckelwal zum Tauchen an. Während andere Arten von Finnwalen das offene Meer bevorzugen, lebt der Buckelwal in Küstenbereichen, schwimmt oft nahe ans Land und ist auch häufig in Häfen zu sehen.

176 Weißkopfseeadler, Alaska
Von seinem Baumsitz aus startet ein Weißkopfseeadler majestätisch in die Lüfte. Weißkopfseeadler bilden lebenslange Partnerschaften und kehren Jahr für Jahr zum selben Nistplatz zurück.

177 Weißkopfseeadler, Alaska
Der ohne große Anstrengung im Licht des Morgens dahinschwebende Weißkopfseeadler gleitet über die Gebirgslandschaft. Seinen Namen verdankt er den weißen Federn am Kopf. Dieser große und kräftige Raubvogel ist das Wappentier der USA.

178 Weißkopfseeadler, Alaska
Vom fallenden Schnee unbeeindruckt stößt ein Weißkopfseeadler mit raschen Flügelbewegungen herab. Der Weißkopfseeadler ist ein großer Raubvogel, der nach Fischen und anderen Vögeln jagt, die er von oben angreift.

179 Weißkopfseeadler, Alaska
Zwei Weißkopfseeadler liefern sich einen aggressiven Kampf mit akrobatischen Lufteinlagen. Ihre kräftigen Krallen und ihre Flugkunst helfen ihnen dabei, sich gegenseitig aus dem Hinterhalt anzugreifen und Beutetiere, z. B. Fische, wegzuschnappen.

180 Große Tümmler, Honduras
Sonnenstrahlen werfen Flecken auf die im durchscheinenden tropischen Gewässer schwimmenden Delfine. Die Jungen bleiben etwa drei Jahre bei der Mutter, wobei sie etwas länger als ein Jahr gesäugt werden. Bisweilen unterstützt ein anderes Weibchen die Mutter dabei, das Neugeborene zu beschützen.

181 Große Tümmler, Honduras
Zwei Delfine springen mit Leichtigkeit aus den seichten tropischen Gewässern. Diese sehr intelligenten Tiere kommunizieren sowohl über Töne (Klicklaute, Pfeifen und Schnattern) als auch über Körperkontakt.

182 Großer Tümmler, Honduras
Silhouette eines Delfins, der fröhlich in den Sonnenuntergang springt. Heutzutage sind so manche Delfinbestände gefährdet, da sich viele Tiere in Fischernetzen verfangen und empfindlich auf Umweltverschmutzung reagieren.

183 Großer Tümmler, Honduras
Die Großen Tümmler zählen zu den am weitesten verbreiteten Tierarten. Sie bevölkern die gemäßigten und die tropischen Gewässer der ganzen Welt. Die vorwiegend in den seichteren Küstenbereichen anzutreffenden Populationen bilden Gruppen, so genannte Schulen, die aus mehreren hundert Einzeltieren bestehen können.

184 Große Tümmler, Honduras
Zwei aus dem Wasser springende Delfine vollführen eine Art synchrones Ballett. Diese Meeressäuger sind mit dem glatten, gut isolierten und stromlinienförmigen Körper bestens an das Leben im Wasser angepasst.

185 Große Tümmler, Honduras
Mit überschäumender Energie springen zwei Große Tümmler aus dem tropischen Wasser. Obwohl die Delfine regelmäßig an die Wasseroberfläche kommen, um durch ein Loch an der Oberseite des Kopfes nach Luft zu schnappen, können sie bis zu zehn Minuten untergetaucht bleiben.

186 Große Tümmler, Honduras
Delfine beim spielerischen Herumspringen im ruhigen Gewässer während der Morgendämmerung. Die von Natur aus geselligen Tiere leben in großen Gruppen oder in kleinen Verbänden mit weniger als zwanzig Einzeltieren, die miteinander kommunizieren.

187 Große Tümmler, Honduras
Zwei Delfine tauchen mit einem Überschwang ungezähmter Wildheit ab und hinterlassen an der Wasseroberfläche eine Spur weiß aufschäumender Gischt. Delfine gelten weithin als Symbol von Glück und spiritueller Freiheit.

188 Großer Tümmler, Honduras
Eine Spur von Luftblasen hinter sich herziehend taucht ein Delfin ins Wasser ab. Viele dieser sensiblen und intelligenten Tiere, die immer zu lächeln scheinen, werden in Gefangenschaft gehalten. Unter den Populationen in Gefangenschaft ist jedoch eine stark verkürzte Lebenserwartung zu verzeichnen.

189 Eisbären, Cape Churchill, Kanada
Eine Eisbärenmutter und ihr Junges ziehen über den eisigen Boden. Das noch von der Mutter abhängige Bärenjunge legt eine erstaunliche Ausdauer an den Tag und kann an ihrer Seite weite Entfernungen zurücklegen. Im Alter von etwa einem Jahr wird es beginnen, sich zusammen mit der Mutter auf Jagd zu begeben.

190 Eisbären, Cape Churchill, Kanada
Drei Eisbären ruhen sich im Schnee aus, um Energie zu sparen, und warten geduldig darauf, dass das Wasser der Hudsonbai zufriert. Robben sind ihre Hauptnahrungsquelle, und dieser stellen sie während der Wintermonate auf dem Eis nach.

191 Eisbären, Manitoba, Kanada
Eng aneinander geschmiegt dösen zwei junge Eisbärenkinder auf dem weichen Rücken ihrer Mutter dahin. Die Jungen wärmen sich an ihrem Körper, und da sie auf ihr liegen, kommen sie nicht mit dem kalten Schnee in Berührung.

192 Eisbären, Manitoba, Kanada
Zwei sorglose Polarbärenkinder, die deutlich weißer sind als ihre Mutter, spielen glücklich unter ihrer Obhut. Sie ist zwar immer zur Verteidigung der Jungen bereit, dennoch zieht sie es meistens vor, mit ihnen weiterzuziehen, als sich der Bedrohung zu stellen.

193 Eisbären, Cape Churchill, Kanada
Unter der Mutter verkrochen lugt ein junges Eisbärenkind zwischen den starken und schützenden Beinen hervor. Eisbärenmütter verteidigen ihre Jungen mit ganzer Kraft und vertreiben sogar weit größere Männchen, die ihre Jungen angreifen könnten.

194 Eisbären, Manitoba, Kanada
Gerade erst aus der Höhle gekommen blicken eine Eisbärin und ihre zwei frisch geborenen Jungen vorsichtig auf die verschneite Landschaft. Neugeborene Eisbären sind sehr klein und völlig hilflos. Sie bleiben mit der Mutter in der Höhle, bis sie etwa vier Monate alt sind.

195 Eisbär, Cape Churchill, Kanada
Ein Eisbär streift zielstrebig bei heftigem Schneetreiben umher. Er ist hungrig und ruhelos und will nichts anderes, als mit der Robbenjagd auf dem gefrorenen Meer sein viermonatiges Sommerfasten brechen.

196 Eisbären, Cape Churchill, Kanada
Zwei Eisbärenmännchen stehen sich im Schnee aufrecht gegenüber und fordern sich gegenseitig heraus. Die normalerweise allein lebenden Bären treffen im Herbst aufeinander, wenn sie an der Küste auf das Zufrieren des Meeres warten.

197 Eisbär, Cape Churchill, Kanada
Ein Eisbär beim Sonnenuntergang allein in der eisigen Landschaft. Eisbären sparen Energie, indem sie große Schritte machen. Durch den langsamen Trott können sie in der gefrorenen Ödnis große Entfernungen zurücklegen.

198 Eisbär, Cape Churchill, Kanada
Flach ausgestreckt schläft ein Eisbär im leichten Schneefall. Der weiß-gelbliche Pelz ist dick, warm und wasserdicht, so dass der Eisbär selbst unter rauesten arktischen Bedingungen überleben kann.

199 Eisbär, Cape Churchill, Kanada
Schon halb von Schnee bedeckt wartet ein Eisbär auf das Ende eines Schneesturms. Bis ein Schneesturm vorbei ist, ziehen sich Eisbären in wetterabgewandte Seiten der Landschaft zurück, erwachen aber trotzdem oft unter einer dicken Schneedecke.

200 Eisbären, Cape Churchill, Kanada
Eine Eisbärenmutter läuft mit ihren zwei Jungen durch eisigen Wind und Schnee in den Sonnenuntergang. Diese Jungen sind etwa ein Jahr alt, aber immer noch von der Mutter abhängig. Sie werden noch gesäugt, aber schon bald werden sie die erlernten Fähigkeiten selbst anwenden.

201 Eisbären, Cape Churchill, Kanada
Eine Eisbärenmutter und ihr Junges schlendern schwerfällig durch die arktische Landschaft. Der Begriff »Arktis« ist von *arktos* abgeleitet, dem griechischen Wort für »Bär«.

Der Anteil meiner Frau Kathy an diesem Werk ist unschätzbar.
Sie hat unermüdlich, oft bis spät in die Nacht, an den Vorbereitungen meiner Reisen gearbeitet.
Sie hat auch die Bilddatenbank verwaltet, und so die ökonomische Durchführbarkeit des Projekts sichergestellt.
Sie war während meiner unvermeidlichen Abwesenheiten immer für unsere Kinder da.

Viel verdanke ich auch meinen zahlreichen Assistenten, Führern und Freunden, die mir alle eine große Hilfe waren. Die einen durch ihre konstruktive Kritik, die anderen durch wertvolle Ratschläge auf den Reisen und vor Ort in den Wildgebieten.
Einige von Ihnen haben mich an ihrem Herd willkommen geheißen, andere mir unentwegt Mut zugesprochen.
Überall haben mir großzügige und bescheidene Menschen ihre Herzlichkeit und Freundschaft entgegengebracht.

Susan Adie, Makoto et Shinobu Ando, Patrice Aguilar, Bryan und Cherry Alexander, M. Andreis und Aan, Christopher Angeloglou, Steve Baker, Miles Barton, D'amy Jean Benoit, Niall Benvie, Anne Blair, Andrew Boag, Tom Brakefield, Brandon Broll, Alson Brooks, John Bykerk, Doug et Gail Cheeseman, Alan Clark, Michel Contreras, Jim et Alison Cronin, Brent Dacomb, Nick Dibiasio, Chris Fallows, Keith und Christine Finnis, Biruté Galdikas, Nick Garbutt, Jane Goodall, M. T. Hagi, Joy Hanson, Sogo Hara, Nick Haywood, Julian Herrera Sara, Penny und John Hickey, Don und Susan Holmes, Jennifer Jeffrey, Alan Jones, Phil Jones, James Kateeba, Jeremy Keeling, Jean King, Charles Keim, Rob Lawrence, Michael Leach, Ashley Leiman, Jim Mahoney, Gillian Miller, Duncan Murrell, Fumie Naito, Chris und Gaye Nutbeam, Alexis Peltier, Peter Peristein, Russ Pinney, Bruce Plunkett, Des Pretorius, Jenny Quiggen, Ahmed Rajab, Michel Rawicki, Lente Rhoode, Tomanka Ole Selempo, Steve Shaw, Len Smith, Jill Sneesby, Tim Soper, Mike und Morris Spence, Keren Su, Tom und Rene Sucheck, Takafumi Suzuki, Roger Tabakin, David Tipling, Satyendra Tiwari, Steve Turner, Johann Vaatz, Stuart Westmorland, Janice Wickenden, Barrie und Helen Wilkins, Hans Zwez.

Ebenfalls möchte ich mich bedanken bei
Hervé de La Martinière, Benoit Nacci, Audrey Demarre, Marie-Laure Garello, Delphine Lalire, Emmanuelle Lallemand und Marianne Lassandro, die sich bei der Veröffentlichung dieses Buches voll eingesetzt haben.

Es gibt noch so viele andere Personen, deren Mitwirkung an diesem Projekt von unschätzbarem Wert war, wie jener Mann in Kanada, der mir ein Paar Stiefel geliehen hat, als ich eiskalte Füße hatte.

Zu meinem größten Bedauern stehen noch viele Assistenten und Führer nicht auf der Liste, weil ich zu sorglos war und mir nicht genügend Notizen gemacht hatte.
Ich hoffe, sie können mir verzeihen. Mein Dank geht an sie alle!

STEVE BLOOM

Bibliografische Information Der Deutschen Bibliothek
Die Deutsche Bibliothek verzeichnet diese Publikation in der Deutschen Nationalbibliografie;
detaillierte bibliografische Daten sind im Internet über http://dnb.ddb.de abrufbar.

Titel der Originalausgabe: *Untamed*
Erschienen bei Harry N. Abrams, Inc., New York, 2008
Ursprünglich erschienen bei Éditions de La Martinière, Paris, 2004

www.stevebloom.com

Sonderausgabe
der 2004 im Knesebeck Verlag erschienenen deutschen Erstausgabe

Ein Unternehmen der La Martinière Groupe

Bildlegenden: Kathy Bloom, Phil Jones und Brandon Broll
Wissenschaftlicher Berater: Brandon Broll
Satz: satz & repro Grieb, München
Druck: Toppan
Printed in China

ISBN 978-3-89660-553-5

www.knesebeck-verlag.de